中国名家精品书系□

ZHONG GUO MING JIA JING PIN SHU XI

中国名家精品书系

鹤乡华羽

李洪涛 编著

——向海野生鸟类图鉴

吉林出版集团股份有限公司　　全国百佳图书出版单位

图书在版编目（CIP）数据

鹤乡华羽：向海野生鸟类图鉴 / 李洪涛编著. ——
长春：吉林出版集团股份有限公司，2023.3（2024.3重印）
ISBN 978-7-5731-3150-8

Ⅰ. ①鹤… Ⅱ. ①李… Ⅲ. ①野生动物－鸟类－通榆
县－图集 Ⅳ. ①Q959.708-64

中国国家版本馆CIP数据核字（2023）第055685号

鹤乡华羽
HE XIANG HUA YU

编　　著　李洪涛
出版策划　曹　恒
责任编辑　黄　群　王　宇
装帧设计　贾　昕
开　　本　710mm×1000mm　1/16
字　　数　160千
印　　张　17
版　　次　2023年3月第1版
印　　次　2024年3月第3次印刷

出　　版　吉林出版集团股份有限公司
发　　行　吉林出版集团股份有限公司
地　　址　吉林省长春市福祉大路5788号
邮　　编：130000
电　　话　0431-81629968
邮　　箱　11915286@qq.com
印　　刷　三河市同力彩印有限公司

书　　号　ISBN 978-7-5731-3150-8
定　　价　69.80元

向海，八百里湿地欢歌

与洪涛相识、相知，缘于向海五彩斑斓的鸟儿，缘于一本名叫《爱鸟集》的野生鸟类艺术摄影作品专著。我经常翻阅这本《爱鸟集》，每次阅读欣赏都会有不同的感受。

我有一个五岁的小侄女，她总是来我家围着我让我讲关于鸟的故事，稚气的小声音让我即使再忙也会认真给她说道说道中国的九种鹤，还有向海的本地留鸟和水鸟等。有一天，她看到我桌子上的《爱鸟集》，她看得着迷，安静地也不再和我搭讪，书里面的鸟类摄影照片吸引了她。她看到白腿小隼，突然问我小鸟在吃树叶吗，看到太平鸟她又问它要吃果子吗，看见幼雏期的蓑衣鹤，她问为什么鸟宝宝长得和小鸡一样毛茸茸的，她一股脑地问出了许多小问题。我为她一一解答着这些问题，并且把这本《爱鸟集》送给她，她称这本书名字为"小鸟大书"。无论如何我也想象不出来这本书为她幼小的心灵带来多少天马行空的故事。是啊，现在的孩子们虽然衣食无忧，身居楼宇可又缺乏很多自然体验，他们对鸟类的认知还停留在喜鹊、麻雀、乌鸦这些常见鸟上，不知道世界生物多样性的精彩，不知道水里的鸭子也披着不一样的彩衣。她看到丑鸭会说："大伯，你看鸭子喝奶洒了。"我一看，猛然间明白这是丑鸭身上的白斑在深色羽毛的衬托下就像小侄女把牛奶弄洒在了自己身上。很多鸟类的生活场景她都会和自己的世界联想在一起，鸟爸爸、鸟妈妈、鸟宝宝，和谐的一家，增加了她对这些鸟的印象。有一天，我观看一个反嘴鹬的小纪录片，她凑过来和我一起看热闹，"大伯，这是反嘴鹬"，我震惊地看着她坚定的小表情，我指出《爱鸟集》里面很多鸟问她，她说出这些鸟的名字，还为它们搭配了小故事。

我想，向海保护区也理应有这样一本记录向海鸟类的摄影集锦了。在向海百里湿地，尽是草原与苍茫的芦苇、香蒲，清澈明净的湖泊在区内相间分布，沙丘榆林倔强地横亘其中，延绵不断。林鸟、涉禽、游禽等在不同的空间和时间里婉转鸣唱，相互回应。几天前，接到洪涛的电话，他言语中透出难以抑制的喜悦。他说正在写一本记录向海野生鸟类的书，出版后将捐赠给一些中小学校，向孩子们普及鸟类知识，使他们在一颗颗幼小的心灵中，树立爱鸟、护鸟及对自然生态环境的保护意识。再捐赠给部分城市的社区和图书馆，让人们在感受向海野生鸟类魅力的同时，达到"大手拉小手"，共同倡导热爱自然，保护生态环境的目的。

寒来暑往，雨雪风霜。从事新闻工作、热心公益事业的洪涛，每年都会利用双休日多次驱车数百公里来到向海观察、记录鸟类。严谨的工作作风和执着的敬业精神令人钦佩和动容。洪涛与向海结下的不解之缘，"缘"于对自然生灵的真爱，"缘"于对大美湿地的憧憬，"缘"于一位新闻工作者的责任与使命，这本书就是他对向海今世缘分的最佳馈赠。

我也是向海的有缘人，因为缘分使我成了一名地道的向海人。向海保护区的野生动植物和生态环境保护是我大学毕业后的第一份工作，我背着行囊，迈进了不一样的人生，保护好向海的一草一木也将成为我一生为之奋斗的事业。26年弹指一挥间，我远离了城市的繁华与喧嚣，在蓝天碧水间听鸟儿的鸣唱，在美丽的景色中感悟人生。时间的列车拖着我走过向海的每一寸土地，下有碧绿，上有蓝天，有白色瘠薄的盐碱，有夕阳斜照的草原，万顷湿地我投入了毕生的情感。向海就是我的家，在这里实现了我的人生价值，我和我的团队在这儿共同创造了一项项国内、国际有影响的重大科研成果。收获了向海的馈赠，此生足矣。20多年来，我和我的科研团队在吉林省林业和草原局的关怀指导下，成功繁育丹顶鹤、白枕鹤、蓑羽鹤、东方白鹳、雁鸭类等1000余只，人工繁育丹顶鹤200余只，向海已成为中国第二大丹顶鹤圈养繁殖基地。我们在《野生动物学报》等国家重点期刊杂志上发表科研论文《采用人工孵化育雏等技术救助东方白鹳的初步探讨》《丹顶鹤越冬期的人工饲养》《鹤类农药中毒的救治程序与技术》《向海湿地鸟类现状及保护对策》等20多篇。特别是丹顶鹤研究取得了丰硕成果，填补了国际上的空白。

既然是关于向海鸟类的书籍，那么作为向海的守护者的我和大家说说向海。"向海"在我国或国际上指的是"吉林向海国家级自然保护区"，常被人们简称"向海保护区"或者"向海"。向海保护区1981年建区，自建区以来受到了各界广泛关注，同时也获得了多项荣誉。1986年7月，国务院第75号文批准向海保护区为"国家级森林和野生动物类型自然保护区"，1992年，向海保护区被列入《拉姆萨尔公约》国际重要湿地名册，并在中国首批7块湿地中位列首位。"拉姆萨尔"登记的永久编号：中国－吉林－向海－548。同年向海还被世界自然基金会（WWF）评为"具有国际意义的A级自然保护区"。向海荣获的各项桂冠是中国乃至世界对向海"天生万物"的博大胸怀、"坚韧不拔"的伟岸身姿、"厚重充硕"的自然品质的绝对认可与尊重。向海不仅作为重要物种基因库承载着生命万物，同时也是吉林省重要的生态屏障，守护着吉林省中部地区世界著名的黄金玉米带，阻隔了荒漠化对玉米带的威胁，保障了粮食生产安全。

向海是一个让人惦念和寄予希望的地方。2008年3月9日，在参加全国人大十一届一次会议吉林代表团分组审议时，温家宝总理强调："吉林向海全国都很关注，我去过向海，那里有大片的湿地，是吉林的象征。生态环境、自然资源也具有竞争力，要保护好向海湿地，可以使吉林永续发展。"国际鹤类基金会创始人乔治·阿基博到向海考察时说:"我到过世界上50多个国家和地区的自然保护区,像向海这样完好的自然景观、原始的生态环境、多样的湿地生物,全球已不多了,向海不仅是中国的一块宝地,也是世界的一块宝地。"向海不仅仅是向海人的向海,还是全人类的自然遗产。

向海保护区共有16目52科316种鸟,但说到向海,每个人想到的是向海是丹顶鹤的故乡。对的,向海是我国一级保护野生动物、世界濒危物种丹顶鹤的繁殖地、栖息地,这里有2万公顷丹顶鹤乐于筑巢繁殖、摄取食物的繁茂沼泽湿地。除了大家所知的丹顶鹤,这里还有珍稀的国家一级保护鸟类东方白鹳、黑鹳、白尾海雕、虎头海雕、白肩雕、乌雕、秃鹫、草原雕、金雕、矛隼、猎隼、白鹤、白枕鹤、白头鹤、大鸨、黑嘴鸥、黑头白鹮、黑脸琵鹭、栗斑腹鹀、黄胸鹀、青头潜鸭等,灰鹤、蓑羽鹤、小天鹅、大天鹅、白琵鹭等国家二级保护野生鸟类49种。全世界15种鹤类,向海保护区就有6种。向海保护区地处东亚-澳大利亚鸟类迁徙通道上,这条通道是全球9条鸟类迁徙通道中最主要的一条,每年春秋迁徙期间都会有成千上万的水鸟在向海湿地集结停歇,补充体力。夏季有大量的水鸟留在向海湿地参与繁殖,每到迁徙繁殖季节都会有鸟类体力不支、中毒、受伤等情况发生。1998年,向海保护区管理局成立了野生鸟类救护站,救治中毒和受伤的鸟类等野生动物。截至目前,救护站已经成功救治丹顶鹤、东方白鹳、大天鹅等珍稀鸟类80多只,其他野生动物400余只。多年来,精心研究出的《向海保护区鸟类救护规程》,让鸟类救治成活率达到80%以上,已被国家林业和草原局等很多机构和相关部门引用。

鸟类的世界丰富多彩，有感动，有故事，有喜怒哀乐，也有爱恨情仇。应洪涛之邀作序，我眼前浮现出的都是一只只憨态可掬的鸟儿，它们就像朋友一样每天陪伴在左右。在对人工繁育丹顶鹤野化的过程中，我亲眼见证了一对丹顶鹤的爱情故事。有一年初春，保护区内半散养着的一只雌性丹顶鹤与一只野生雄性丹顶鹤相爱，并组成了家庭，养育了一只鹤宝宝。然而，秋雪的降临给这个幸福和谐的三口之家笼罩上了一层阴影。雄鹤拗不过多年的迁徙习性，当鹤群起飞的时候，它在空中伴着雪花久久徘徊、嘶鸣多时后，还是恋恋不舍地飞走了。第二年春天，雄鹤归来寻亲，鹤夫妻再次团圆，再筑爱巢，孵化雏鹤。四季轮回，秋风又起秋雪又落，当候鸟准备南迁时，这只雄鹤最终选择留在了鹤岛，与雌鹤一生相伴，不再分离。

东方破晓，初夏的向海又迎来了万鸟欢唱的黎明，今天又是一个艳阳天。感谢通榆县委、县政府及爱心企业吉林通榆牧原农牧有限公司的大力支持。这部野生鸟类科普图书的出版，不仅填补了记录向海野生鸟类书籍的空白，而且将对宣传向海、推介湿地生态环境保护先进经验和成果、助力青少年学习掌握鸟类知识等方面起到重要的作用。

《鹤乡华羽》展现给大众难得一见的向海鸟类生活的剪影，简洁但又不失生动，高超的摄影技术生动地记录了鸟类精彩瞬间。它直观地表达着这个大千世界里有无数的生命在它们喜悦的空间里以它们独特的方式生存，那也许是理羽嬉戏，那也许是嗷嗷待哺，那也许是物竞天择，让看到这本书的人更加尊重生命，珍爱生命，建立与自然和谐共生的情怀。让没有经历太多"自然光"照耀的孩子们的世界也闪闪发光！让那些走出向海的人也可解乡愁！让身在城市的人走进自然。

林宝庆

目录 Mulu

雁形目　　　　　　　　　　　　　　　　　　25

8

Podicipediformes

䴙䴘目

在传统的分类系统中，䴙䴘目只包括一个科，䴙䴘科。科下有6属22种。在鸟类DNA分类系统中，䴙䴘目与鹳形目合并，䴙䴘科成为新鹳形目的一个科，但新分类系统对䴙䴘科本身并没有作出调整。䴙䴘分布广泛，几乎遍及全球。在水边筑巢、游泳和潜水，以鱼为食。

凤头䴙䴘

　　凤头䴙䴘（学名：*Podiceps cristatus*）是向海比较常见的一种游禽，数量较大，多在水塘的芦苇丛中筑巢繁殖。它的前额和头顶部为黑褐色，枕部两侧的羽毛向后延伸，分别形成束羽冠。

分布范围　在中国主要繁殖在黑龙江、吉林、辽宁、内蒙古、河北、甘肃、宁夏、青海和西藏等省和自治区，越冬时则经过河北、河南、山西、陕西等省到长江以南地区。

种群现状　该物种分布范围广，不接近物种生存的脆弱濒危临界值标准（分布区域或波动范围小于20000平方公里，栖息地面积和质量下降，种群规模过小，分布区域碎片化等），种群数量趋势稳定。

保护级别　列入《世界自然保护联盟（IUCN）濒危物种红色名录》ver 3.1（2012）——无危（LC）。

生活习性　善于潜水和游泳。春季迁徙到东北繁殖地，秋季迁离繁殖地。迁徙时常成对或成小群。多活动在开阔的水面，取食鱼、虾。

黑颈䴙䴘

　　黑颈䴙䴘（学名：*Podiceps nigricollis*）是一种中型游禽，目前在向海比较稀少。它的嘴黑色，细而尖，微向上翘，眼红色。夏羽头、颈和上体黑色，两胁红褐色，下体白色，眼后有呈扇形散开的金黄色饰羽。冬羽头顶、后颈和上体黑褐色，前颈和颈侧淡褐色，下体白色，野外容易识别。

分布范围　在中国，夏季时分布于新疆、内蒙古，冬季分散至北纬30°以南地区。繁殖于天山西部、内蒙古及中国东北。在云南北部洱海湖有繁殖现象。指名亚种为罕见繁殖鸟及冬候鸟。

种群现状　该物种分布范围广，种群数量庞大，未接近种群脆弱或濒危的标准。

保护级别　列入《世界自然保护联盟（IUCN）濒危物种红色名录》ver 3.1（2012）——无危（LC）。列入《国家保护的有益的或者有重要经济、科学研究价值的陆生野生动物名录》。

生活习性　白天活动，通常成对或成小群活动在开阔水面，遇人则躲入水草丛。几乎全天生活在水中，一般不到陆地上活动。

■ 小䴙䴘

　　小䴙䴘（学名：*Tachybaptus ruficollis*）是一种潜鸟，寿命约13年，在向海比较常见。它的枕部有黑褐色羽冠。成鸟的上颈部有黑褐色杂棕色的绉领。上体黑褐色，下体白色。

分布范围　分布在中国、阿富汗、阿尔巴尼亚、阿尔及利亚、安哥拉、亚美尼亚、保加利亚、布基纳法索、布隆迪、柬埔寨、喀麦隆等国家和地区。

种群现状　该物种分布范围广，不接近物种生存的脆弱濒危临界值标准，种群数量趋势稳定。

保护级别　列入《世界自然保护联盟（IUCN）濒危物种红色名录》ver 3.1（2012）——无危（LC）。列入《国家保护的有益的或者有重要经济、科学研究价值的陆生野生动物名录》。

生活习性　多数为留鸟，少数迁徙。在我国东北、华北和西北地区繁殖的多数为夏候鸟，少数个体留在当地不冻水域越冬。南方地区种群多为留鸟。

赤颈䴙䴘

　　赤颈䴙䴘（学名：*Podiceps grisegena*）在向海自然保护区的核心区偶尔可见。一种中等游禽，有两个亚种。嘴黄色，尖端黑色。夏羽头顶的冠羽为黑色，后颈和上体灰褐色，下体白色。冬羽头侧和喉为白色，后颈和上体黑褐色，下体白色，飞翔时极明显。

分布范围　在中国，夏季见于黑龙江，迁徙经吉林、辽宁直至河北，有时迁抵福建和广东。

种群现状　该物种分布范围广，不接近物种生存相关的濒危临界值标准。种群数量趋于下降，但下降速率未达到濒危的标准。

保护级别　列入《世界自然保护联盟（IUCN）濒危物种红色名录》ver 3.1（2012）——无危（LC）。列入《国家重点保护野生动物名录》二级。

生活习性　善游泳和潜水，不喜飞行，性情机警，行动极为谨慎小心，多远离岸边活动。

■ 角䴙䴘

角䴙䴘（学名：*Podiceps auritus*）是一种非常珍稀的游禽，在向海自然保护区有过记录。略有羽冠，冬羽脸部多白色，嘴不上翘，头略大而平。虹膜为红色，眼圈白。嘴为黑色，尖端偏白。脚为黑蓝色或灰色。

分布范围 在中国繁殖于新疆（天山西部），见于东北（哈尔滨、旅顺）、河北、河南、山东，冬迁长江下游，福建。

种群现状 该物种分布范围广，不接近物种生存的脆弱濒危临界值标准，在中国不普遍，种群数量稀少。

保护级别 列入《世界自然保护联盟（IUCN）濒危物种红色名录》ver 3.1（2018）——易危（VU）。列入《国家重点保护野生动物名录》二级。

生活习性 冬季结小群活动。繁殖于整个北方温带的淡水区域，游泳时常将雏鸟置于背部。食物是各种鱼类、蛙、蝌蚪等。

Pelecaniformes

鹈形目

鸟纲中的一个目。主要分布于温热带水域，均属大型游禽。

■ 普通鸬鹚

　　普通鸬鹚（学名：*Phalacrocorax carbo*）是向海常见的一种鸟，在水泡或沼泽中常见。属捕食鱼类的游禽，善于潜水。嘴长呈锥状，先端有锐钩，适于啄鱼，下喉有小囊。我国有5种。

分布范围　分布于欧洲、亚洲、非洲、大洋洲和北美洲。在中国中部和北部繁殖，南方越冬。

种群现状　中国南方普遍常见，该物种分布范围广，种群趋于稳定。

保护级别　列入《世界自然保护联盟（IUCN）濒危物种红色名录》ver 3.1（2013）——无危（LC）。

生活习性　鸬鹚的种类很丰富，有的在沿海生活，但不是海洋类鸟，有的在内陆水域有生活区域。

Ciconiiformes

鹳形目

鸟纲中的一个目，多为长颈长腿，嘴形不一，但多较大较长。栖于水边或近水的地方。觅食小鱼、虫类及其他小型动物。本目共有6科，我国有3科。

东方白鹳

　　东方白鹳（学名：*Ciconia boyciana*）每年春、秋两季迁徙，在向海可以看到较大集群。夏季，在湿地或水泡边偶尔可以看到落单的个体。东方白鹳属于大型涉禽。主要以小鱼、蛙、昆虫等为食。性宁静而机警，飞行或步行时举止缓慢，休息时常单足站立。

分布范围　在中国，繁殖于黑龙江省齐齐哈尔、哈尔滨、三江平原、兴凯湖，吉林省向海、莫莫格。越冬于江西鄱阳湖、湖南洞庭湖等地。

种群现状　从前在东亚地区是常见的鸟，但由于非法狩猎、农药和化学毒物污染等原因，种群数量逐渐减少。

保护级别　列入《国家重点保护野生动物名录》一级。

生活习性　繁殖期成对活动，其他季节集群活动，特别是迁徙季节，常常聚集成数十只甚至数百只的大群。目前，在向海已经引巢成功，每年约有10对东方白鹳通过人工巢繁殖后代。

黑 鹳

黑鹳（学名：*Ciconia nigra*）是一种大型涉禽。它体态优美，体色鲜明，活动敏捷，性情机警。目前，在向海的核心保护区十分罕见。它的嘴长而粗壮，头、颈、脚均很长，嘴和脚红色。身上的羽毛除胸腹部为纯白色外，其余都是黑色。因数量稀少，被称为鸟中的"大熊猫"。

分布范围 在中国，主要繁殖于新疆塔里木河流域、天山山地，青海西宁、祁连山，甘肃东北部和中部、祁连山西南部、张掖西北部、酒泉、敦煌，内蒙古自治区西北部，黑龙江省哈尔滨、山河屯、牡丹江，吉林省长白山，辽宁省熊岳、朝阳、鞍山，河北省北部燕山。

种群现状 曾经是一种分布较广且较常见的一种大型涉禽，但种群数量在全球范围内明显减少。

保护级别 列入《世界自然保护联盟（IUCN）濒危物种红色名录》ver 3.1（2017）——无危（LC）。列入《濒危野生动植物种国际贸易公约》（CITES）2019年版附录Ⅱ。列入《国家重点保护野生动物名录》一级。

生活习性 黑鹳是一种性情孤僻的迁徙鸟，常单独或成对活动在水边浅水处或沼泽地上，有时也成小群活动和飞翔。在中国和俄罗斯东部繁殖的种群，主要迁到长江以南越冬。迁徙时常成10余只至20余只的小群。

■ 草鹭

草鹭（学名：*Ardea purpurea*）是向海一种常见的大型鸟。与苍鹭相比，草鹭分布的数量相对较少。它的体形呈纺锤形，额和头顶为蓝黑色，枕部有两枚灰黑色长形羽毛形成的冠羽，悬垂于头后，状如辫子，胸前有饰羽。

分布范围　于黑龙江、吉林、辽宁、河北、北京、天津、山西、陕西、甘肃、宁夏、山东、河南、江苏、安徽、浙江、湖北、湖南为夏候鸟；于上海、福建为旅鸟、夏候鸟；于云南为留鸟；于广东、广西为旅鸟或冬候鸟。

种群现状　该物种分布范围广，不接近物种生存的脆弱濒危临界值标准，种群数量趋势稳定，因此被评价为无生存危机的物种。

保护级别　列入《世界自然保护联盟（IUCN）濒危物种红色名录》ver 3.1（2012）——无危（LC）。列入《国家保护的有益的或者有重要经济、科学研究价值的陆生野生动物名录》。

生活习性　性情机警，常常藏身于沼泽地的草丛之中，利用自身的保护色躲避天敌。白天单独或成对活动和觅食。行动迟缓，有时候长时间站立不动，或收起一腿，静静地观察和等候鱼群。

池鹭

池鹭（学名：*Ardeola bacchus*）是一种涉禽，在向海比较常见。飞翔时，它的两翼是白色，非常耀眼漂亮。繁殖期，头及颈的羽毛为深栗色，胸为紫酱色。

分布范围 在中国，分布于黑龙江、吉林、辽宁、内蒙古、河北、北京、天津、陕西、甘肃、宁夏、青海、西藏、山东、河南、江苏、上海、安徽、浙江、江西、湖北、湖南、四川、贵州、福建；于云南、广东、海南、广西为夏候鸟、留鸟。

种群现状 该物种分布范围广，不接近物种生存的脆弱濒危临界值标准，种群数量趋势稳定。

保护级别 列入《世界自然保护联盟（IUCN）濒危物种红色名录》ver 3.1（2013）——无危（LC）。列入《国家保护的有益的或者有重要经济、科学研究价值的陆生野生动物名录》。

生活习性 在水草边营巢繁殖。中国长江以南繁殖的种群多数为留鸟，长江以北繁殖的种群为夏候鸟。

苍鹭

苍鹭（学名：*Ardea cinerea*）又称灰鹭，为鹭科鹭属的一种涉禽，是向海一种常见的大型水鸟，身体细瘦。因其猎取水中鱼虾时，经常长时间伸长脖子，一动不动地耐心等待，被人形象地称为"长脖子老等"。

分布范围　在中国几乎遍及各地。

种群现状　苍鹭是中国分布广和较为常见的涉禽，几乎全国各地水域和沼泽湿地都可见到，数量较丰富。

保护级别　列入《世界自然保护联盟（IUCN）濒危物种红色名录》ver 3.1（2012）——低危（LC）。列入《国家保护的有益的或者有重要经济、科学研究价值的陆生野生动物名录》。

生活习性　苍鹭喜欢成对或成小群活动，在水库边的树上或芦苇丛中营巢。迁徙期间和冬季集成大群。每年夏季，有部分种群在向海繁殖，秋季携雏鸟南迁越冬。

大白鹭 ∎

大白鹭（学名：*Ardea alba*）是一种大中型涉禽，在向海比较少见。成鸟夏羽全身乳白色。鸟喙铁锈色，头有短小羽冠，肩及肩间着生成丛的长蓑羽，一直向后伸展。冬羽的成鸟背无蓑羽，头无羽冠，虹膜是淡黄色。

分布范围 普通亚种繁殖于中国东北及东南部。指名亚种繁殖于中国东北北部呼伦池、黑龙江流域和新疆西部与中部，迁徙和越冬期间见于甘肃西北部、西部、西南部，陕西和青海及西藏，偶见于辽宁、河北、四川和湖北。

种群现状 在中国南北大地都曾经是相当丰富的，特别是普通亚种，分布广、数量较丰富。

保护级别 列入《世界自然保护联盟（IUCN）濒危物种红色名录》ver 3.1（2016）——无危（LC）。列入《国家保护的有益的或者有重要经济、科学研究价值的陆生野生动物名录》

生活习性 常见与其他鹭鸟及鸬鹚等混在一起。以甲壳类、软体动物、水生昆虫，以及小鱼、蛙、蝌蚪和蜥蜴等动物性食物为食。

中白鹭

　　中白鹭（学名：*Ardea intermedia*）在向海比较少见，当地人也很难将其与大白鹭和小白鹭分清楚。它的全身披着白色的羽毛，脚和趾均为黑色。夏季时羽背和前颈下部有长的饰羽，嘴黑色。冬季时羽背和前颈无饰羽，嘴黄色。

分布范围　在中国，分布于甘肃、山东、河南、江苏、上海、浙江、江西、湖北、四川、贵州、福建为夏候鸟；于云南为留鸟；于广东、海南为冬候鸟。

种群现状　该物种分布范围广，不接近物种生存的脆弱濒危临界值标准，种群数量趋势稳定。

保护级别　列入《世界自然保护联盟（IUCN）濒危物种红色名录》ver 3.1（2012）——无危（LC）。列入《国家保护的有益的或者有重要经济、科学研究价值的陆生野生动物名录》。

生活习性　常单独、成对或成小群活动，有时与其他鹭鸟混群，有时也与黑尾鸥同岛栖息。它的警惕性极强，见人即飞，很难靠近。

小白鹭

　　小白鹭（学名：*Egretta garzetta*）与大白鹭形成鲜明对比，小白鹭是向海常见的一种水鸟。在湿地，甚至村庄里的水塘都可以看见小白鹭纤瘦的身影。全身呈白色，夏季羽枕部有两根细长饰羽，前颈和背生着漂亮的蓑羽。

分布范围　主要分布于中国长江以南各省，四川、贵州、陕西南部、河南南部、云南、广西、广东、福建、海南，偶见于甘肃兰州、山东威海和北京。

种群现状　是常见的一种鹭鸟，数量较丰富，但近来种群数量明显下降。

保护级别　列入《世界自然保护联盟（IUCN）濒危物种红色名录》ver 3.1（2016）——无危（LC）。列入《国家保护的有益的或者有重要经济、科学研究价值的陆生野生动物名录》。

生活习性　小白鹭喜欢集群活动，在向海时常可以看到它们三五成群地觅食。部分为留鸟。

大麻鸦

  大麻鸦（学名：*Botaurus stellaris*）属大型鹭鸟，身体较为粗胖，嘴粗而尖。在向海分布较少，当地人称此种鸟偶尔可见。它的颈和脚粗短，头黑褐色，背黄褐色，长着黑褐色斑点。下体淡黄褐色，嘴黄褐色，脚黄绿色。

分布范围 主要分布在中国黑龙江、吉林、辽宁、内蒙古、河北、北京。在新疆为夏候鸟；在山西、天津、甘肃、宁夏、山东、河南、江苏、上海、安徽、浙江、江西、四川为旅鸟或冬候鸟；在贵州、云南、海南为冬候鸟。

种群现状 该物种分布范围广，不接近物种生存的脆弱濒危临界值标准，种群数量趋势稳定，因此被评价为无生存危机的物种。

保护级别 列入《世界自然保护联盟（IUCN）濒危物种红色名录》ver 3.1（2012）——无危（LC）。列入《国家保护的有益的或者有重要经济、科学研究价值的陆生野生动物名录》。

生活习性 每年3月中下旬开始迁徙到东北繁殖地，10月中下旬迁走。除在中国云南、贵州、广东、广西、福建等南部省区为留鸟不迁徙外，长江以北均为夏候鸟和旅鸟。

黄苇鳽

黄苇鳽（学名：*Ixobrychus sinensis*）是一种常见的水鸟，很容易在向海的一些沼泽或水塘发现。雄鸟额、头顶、枕部和冠羽铅黑色，微杂以灰白色纵纹，头侧、后颈和颈侧棕黄白色。雌鸟似雄鸟，但头顶为栗褐色，有黑色纵纹。

分布范围 在中国主要分布在黑龙江、吉林、辽宁、内蒙古、河北、北京、天津、陕西、甘肃、宁夏、山东、河南、江苏、上海、安徽、浙江、江西、湖北、四川等地。在云南为夏候鸟、留鸟；在广东、广西、海南为留鸟。

种群现状 在中国东北、华北和长江以南地区曾经是相当常见的夏候鸟。该物种分布范围广，种群数量趋势稳定。

保护级别 列入《世界自然保护联盟（IUCN）濒危物种红色名录》ver 3.1（2013）——无危（LC）。列入《国家保护的有益的或者有重要经济、科学研究价值的陆生野生动物名录》。

生活习性 黄苇鳽在向海繁殖，秋季多在9月末至10月初迁离长江越冬。中国除广东、海南为留鸟外，其他地区全部为夏候鸟。

绿鹭

　　绿鹭（学名：*Butorides striatus*）形体小，头顶黑，共有26个亚种，绿鹭在向海的分布较少。向海当地村民称，随着生态环境越来越好，遇见绿鹭的机会也越来越多。

分布范围　分布于中国、安哥拉、澳大利亚、孟加拉国、贝宁、不丹、博茨瓦纳、文莱、布基纳法索、布隆迪、柬埔寨、喀麦隆、哥斯达黎加、科特迪瓦、吉布提、厄瓜多尔、埃及等国家和地区。

种群现状　该物种分布范围广，种群数量趋势稳定。

保护级别　列入《世界自然保护联盟（IUCN）濒危物种红色名录》ver 3.1（2012）——无危（LC）。列入《国家保护的有益的或者有重要经济、科学研究价值的陆生野生动物名录》。

生活习性　在中国向海有过繁殖记录。部分为留鸟。每年9月中旬到9月末离开东北繁殖地迁往南方越冬地。在中国长江以南繁殖的种群多为留鸟，长江以北繁殖的种群多要迁徙。

夜 鹭

夜鹭（学名：*Nycticorax nycticorax*）在向海湿地、水泡众多，且汇聚成河。鱼肥水美的生态环境，成了夜鹭最理想的家园。夜鹭种群数量大，展示出了超强的繁殖能力。它的头顶至背为黑绿色，具有金属光泽。嘴尖细，微向下弯，黑色。脚和趾为黄色。枕部披有长带状白色饰羽，下垂至背上，非常醒目。

分布范围　在中国主要分布于黑龙江、吉林、辽宁、内蒙古、河北、北京、天津、山西、陕西、甘肃、宁夏、山东、河南、江西、四川、贵州、云南、福建。于江苏、上海、安徽、浙江为夏候鸟、留鸟；于上海、湖北、湖南、广东为留鸟。

种群现状　该物种分布范围广，种群数量趋势稳定。

保护级别　列入《世界自然保护联盟（IUCN）濒危物种红色名录》ver 3.1（2012）——无危（LC）。列入《国家保护的有益的或者有重要经济、科学研究价值的陆生野生动物名录》。列入《国家重点保护野生动物名录》二级。

生活习性　夜鹭具有夜间活动的习性，常在水面低飞捕鱼。白天有时栖息在僻静的山坡、水库或湖中小岛上的芦苇丛或高大的树上。

■ 牛背鹭

牛背鹭（学名：*Bubulcus ibis*）近年来在向海偶尔可见。它的形体较胖，喙和颈短粗。夏羽白色，头和颈橙黄色，前颈基部和背中央有羽枝分散成发状的橙黄色长形饰羽。前颈饰羽长达胸部，背部饰羽向后长达尾部。尾和其余体羽为白色。

分布范围 在中国长江以南繁殖的种群多数为留鸟，长江以北多为夏候鸟。每年4月初到4月中旬迁到北方繁殖地，9月末至10月初迁离繁殖地到南方越冬地。

种群现状 该物种分布范围广，不接近物种生存的脆弱濒危临界值标准。

保护级别 列入《世界自然保护联盟（IUCN）濒危物种红色名录》ver 3.1（2012）——无危（LC）。

生活习性 常成对或小群活动。休息时喜欢站在树梢，把脖子缩成"S"形。它性情活跃温驯，活动时寂静无声。

白琵鹭

白琵鹭（学名：*Platalea leucorodia*）于每年4月至10月在向海可以看到，这种全身羽毛为白色的大型涉禽，被当地人戏称为"白衣仙子"。它的眼先、眼周、颏为皮黄色。嘴长直、扁阔似琵琶。胸及头部冠羽黄色（冬羽纯白）。颈、腿均长，腿下部裸露呈黑色。

分布范围 在中国繁殖于新疆、黑龙江、吉林、辽宁、河北、山西、甘肃、西藏等北部地区。越冬于长江下游、江西、广东、福建等东南沿海及其邻近岛屿。

种群现状 该物种分布范围广，不接近物种生存的脆弱濒危临界值标准。种群数量趋势稳定，因此被评价为无生存危机的物种。

保护级别 列入《濒危野生动植物种国际贸易公约》（CITES）附录Ⅱ。列入《世界自然保护联盟（IUCN）濒危物种红色名录》ver 3.1（2012）——无危（LC）。列入《国家重点保护野生动物名录》二级，生效年代为1989年。列入《中国濒危动物红皮书·鸟类》易危种，生效年代为1996年。

生活习性 在中国北方繁殖的种群均为夏候鸟。春季常成群活动，偶见单只，从南方越冬地迁到北方繁殖地，秋季携雏鸟南迁。

黑脸琵鹭

黑脸琵鹭（学名：*Platalea minor*）是一种十分珍稀的鸟。目前，在向海已经很难见到，俗称饭匙鸟。它黑面勺嘴，因其扁平如汤匙状的长嘴，与乐器中的琵琶极为相似，因而得名，俗称为"黑琵"。它走路或飞行时姿态优雅，又被称为"黑面天使"或"黑面舞者"。

分布范围 繁殖于中国辽宁省大连市庄河市，冬季迁徙至中国南部，迁徙时见于中国东北，在辽东半岛东侧的小岛上有繁殖记录。春季在内蒙古东部曾有记录。

种群现状 种群数量极为稀少，是全球最濒危的鸟之一。

保护级别 全球濒危珍稀鸟类，已成为仅次于朱鹮的第二种最濒危的水禽。国际自然资源物种保护联盟和国际鸟类保护委员会均将其列入濒危物种红皮书中。列入《国家重点保护野生动物名录》二级。

生活习性 常在海边潮间地带及红树林和内陆水域岸边浅水处单独或集成小群活动。黑脸琵鹭性情机警，人类难以接近。一般栖息于内陆湖泊、水塘、河口、芦苇沼泽、水稻田，以及沿海岛屿和海滨等湿地环境。

Anseriformes

雁形目

雁形目的鸟在中文中通常被称为"鸭"或"雁"，包括人们通常所说的鸭、潜鸭、天鹅、鹅以及各种雁等鸭雁类的鸟。雁形目的鸟都是游禽，在世界分布范围广泛。

豆雁

豆雁（学名：*Anser fabalis*）是大型雁，大小和形状似家鹅。每年迁徙季节，在向海草原成群活动。它的上体灰褐色或棕褐色，下体灰白色，嘴黑褐色、有橘黄色带状斑。

分布范围 繁殖于中国长江中下游和东南沿海，一直到海南。迁徙时经过我国东北、华北、西北等省和自治区。

种群现状 该物种分布范围广，不接近物种生存的脆弱濒危临界值标准，种群数量趋势稳定，因此被评价为无生存危机的物种。

保护级别 列入《世界自然保护联盟（IUCN）濒危物种红色名录》ver 3.1（2018）——无危（LC）。列入《国家保护的有益的或者有重要经济、科学研究价值的陆生野生动物名录》。

生活习性 在中国是冬候鸟，还未发现繁殖的报告。

斑头雁

斑头雁（学名：*Anser indicus*）是中型雁，在向海有过记录，目前已经不常见。它通体大都是灰褐色，头和颈侧白色，头顶有两道黑色带斑，在白色头上极为醒目。

分布范围　在中国主要分布在青海、西藏的沼泽和湖泊，冬季迁至中国中部及南部。数量较多。

种群现状　斑头雁是青藏高原地区较为常见的夏候鸟，种群数量较大。近年来种群数量明显减少。中国已在青海湖鸟岛建立了自然保护区，专门保护这一鸟类资源。

保护级别　列入《世界自然保护联盟（IUCN）濒危物种红色名录》ver 3.1（2012）——无危（LC）。列入《国家保护的有益的或者有重要经济、科学研究价值的陆生野生动物名录》。

生活习性　3月中旬开始从中国南部越冬地迁往北部和西北部繁殖地，到达繁殖地的时间最早在3月末至4月初，最迟在4月中下旬。迁徙时多呈小群，边飞边鸣，鸣声高而洪亮。

大天鹅

　　大天鹅（学名：*Cygnus cygnus*）是一种候鸟，没有亚种分化，形体高大。每年春、秋两季迁徙，在向海较大的水域可以看到它们成群活动、觅食。嘴黑，嘴基有大片黄色，黄色延至上喙侧缘、呈尖状。

分布范围　在中国主要分布于北京、河北、山西、内蒙古、辽宁、吉林、黑龙江、上海、山东、河南、湖南、四川、云南、陕西、甘肃、青海、新疆。保护区为烟墩角天鹅湖、豫北黄河故道湿地、巴音布鲁克、董寨、济源、洪河、兴凯湖、东洞庭湖、莫莫格、鄱阳湖等。

种群现状　该物种分布范围广，不接近物种生存的脆弱濒危临界值标准，种群数量趋势稳定，因此被评价为无生存危机的物种。

保护级别　列入《世界自然保护联盟（IUCN）濒危物种红色名录》ver 3.1（2012）——无危（LC）。国家重点保护等级为一级，生效年代为1989年。列入《中国濒危动物红皮书·鸟类》渐危种，生效年代为1996年。

生活习性　候鸟，每年的9月中下旬开始离开繁殖地往越冬地迁徙，10月下旬至11月初到达越冬地。

小天鹅

小天鹅（学名：*Cygnus columbianus*）是大型水禽，雌鸟略小，在向海偶尔可以看到。它与大天鹅在形体上非常相似，同样有长长的脖颈，纯白的羽毛，黑色的脚和蹼，颈部和嘴比大天鹅略短，但很难分辨。

分布范围　在中国境内主要分布于东北、内蒙古、新疆北部及华北一带，南方越冬。

种群现状　小天鹅指名亚种较丰富，种群数量较大。

保护级别　列入《世界自然保护联盟（IUCN）濒危物种红色名录》ver 3.1（2012）——无危（LC）。列入《国家重点保护野生动物名录》二级。

生活习性　性喜集群，除繁殖期外常成小群或家族群活动，有时也和大天鹅在一起混群。性情活泼，在水中游泳和栖息时，颈部垂直竖立。

凤头潜鸭

　　凤头潜鸭（学名：*Aythya fuligula*）每年春、秋两季迁徙，在向海水塘或湿地中偶尔可以看到。头带特长羽冠，雄鸟亮黑色，腹部及体侧白色。雌鸟深褐色，两胁褐色，羽冠短。飞行时二级飞羽呈白色带状。尾下羽偶为白色。雌鸟有浅色脸颊斑。

分布范围　在中国繁殖于东北黑龙江省、吉林省和内蒙古自治区。越冬在云南、贵州、四川、长江流域、东南沿海地区。迁徙时经过新疆、西藏、青海、甘肃、山西、河北、河南、山东、辽宁等省和自治区。

种群现状　该物种分布范围广，不接近物种生存的脆弱濒危临界值标准，种群数量趋势稳定。

保护级别　列入《世界自然保护联盟（IUCN）濒危物种红色名录》ver 3.1（2013）——无危（LC）。列入《国家保护的有益的或者有重要经济、科学研究价值的陆生野生动物名录》。

生活习性　凤头潜鸭是一种迁徙性鸟。每年4月初从南方越冬地迁徙到中国华北和东北南部地区，中旬到达中国东北东部的长白山和东北北部的黑龙江省。10月初开始南迁，11月初到达南方越冬地。

鸿雁

    鸿雁（学名：*Anser cygnoides*）是大型水禽，春、秋两季迁徙，在向海湿地成群活动。嘴黑色，体色浅灰褐色，头顶到后颈暗棕褐色，前颈近白色。远处看头顶和后颈为黑色，前颈近白色，黑白两色分明，反差强烈。

分布范围　在中国为留鸟，主要繁殖于黑龙江省、吉林省和内蒙古自治区，越冬在长江中下游和山东、江苏、福建、广东等省份，也发现少数在辽宁和河北越冬。

种群现状　该物种在部分繁殖范围内的种群数量出现了大幅下降。

保护级别　列入《世界自然保护联盟（IUCN）濒危物种红色名录》ver 3.1（2016）——易危（VU）。

生活习性　常成群活动，在中国吉林省西部草原出现时常常是迁走一批再来一批。春、秋迁徙持续时间一个多月。

花脸鸭

花脸鸭（学名：*Anas formosa*）为小型鸭，是一种珍稀的鸟，每年春天迁徙时向海可见。雄鸭繁殖羽极为艳丽，特别是脸部由黄、绿、黑、白等多种色彩组成的花斑状极为醒目。胸侧和尾基两侧各有一条垂直白带，可以明显区别于其他野鸭。羽似雌鸟。

分布范围　分布于中国、日本、韩国、朝鲜。在中国东北及华北为罕见冬候鸟，在山东至云南、广东及海南为冬候鸟。

种群现状　全球花脸鸭的种群数量约为5万只，曾是我国主要的狩猎鸟之一。因为过度捕猎，花脸鸭已被列入世界濒危鸟类红皮书。

保护级别　列入《世界自然保护联盟（IUCN）濒危物种红色名录》ver 3.1（2012）——低危（LC）。列入《国家保护的有益的或者有重要经济、科学研究价值的陆生野生动物名录》。

生活习性　每年3月从中国南方越冬地开始向北迁徙，白天常成小群或与其他野鸭混群游泳或漂浮于开阔的水面休息，夜晚则成群飞往附近田野、沟渠或湖边浅水处觅食。

赤麻鸭

　　赤麻鸭（学名：*Tadorna ferruginea*）是向海一种常见的鸟。形体比家鸭稍大。全身赤黄褐色，翅上有明显的白色翅斑和铜绿色翼镜。嘴、脚、尾黑色。雄鸟有一黑色颈环。飞翔时黑色的飞羽、尾、嘴和脚与黄褐色的体羽、白色的翼上覆羽形成鲜明的对照。

分布范围　分布于中国、阿富汗、阿尔巴尼亚、阿尔及利亚、亚美尼亚、阿塞拜疆、孟加拉国、不丹、保加利亚、塞浦路斯、丹麦、埃及、埃塞俄比亚、格鲁吉亚、希腊、印度等国家和地区。

种群现状　该物种分布范围广，不接近物种生存的脆弱濒危临界值标准，种群数量趋势稳定。

保护级别　列入《世界自然保护联盟（IUCN）濒危物种红色名录》ver 3.1（2012）——无危（LC）。列入《国家保护的有益的或者有重要经济、科学研究价值的陆生野生动物名录》。

生活习性　迁徙性鸟。每年3月，当繁殖地的冰雪刚开始融化时就成群从越冬地迁来，秋天成群从繁殖地迁往越冬地。

■ 赤颈鸭

　　赤颈鸭（学名：*Anas penelope*）是中型鸭，在向海有过记录。雄鸟的头和颈棕红色，额至头顶有一乳黄色纵带。背和两胁灰白色，满杂暗褐色波状细纹，翼镜翠绿色，翅上覆羽纯白色。

分布范围　繁殖于中国黑龙江省和吉林省。越冬在西藏南部、云南、贵州、四川、湖南、湖北、安徽等地。迁徙时经过新疆、内蒙古以及东北南部。

种群现状　在中国种群数量较为丰富，是冬季较为常见的野鸭之一。

保护级别　列入《世界自然保护联盟（IUCN）濒危物种红色名录》ver 3.1（2012）——无危（LC）。列入《国家保护的有益的或者有重要经济、科学研究价值的陆生野生动物名录》。

生活习性　除繁殖期外，常成群活动，也和其他鸭类混群。善游泳和潜水。

斑头秋沙鸭 ■

斑头秋沙鸭（学名：*Mergellus albellus*）每年春天在向海面积较大的水泡或水塘中可见。雄鸟体羽以黑白色为主，眼周、枕部、背黑色，腰和尾灰色，两翅灰黑色。雌鸟上体黑褐色，下体白色，头顶栗色。

分布范围 在中国仅繁殖于呼伦贝尔市、大兴安岭。越冬在吉林松花江和鸭绿江，辽宁鸭绿江和大连湾，河北保定，新疆西部，长江中下游，洞庭湖以及东南沿海等地。

种群现状 种群数量在明显减少，需要加强保护。

保护级别 列入《世界自然保护联盟（IUCN）濒危物种红色名录》ver 3.1（2012）——无危（LC）。

生活习性 春季大量从南方越冬地向北迁徙，秋季从繁殖地迁走，陆续到达中国东北南部、华北和以南的越冬地。

白眼潜鸭

白眼潜鸭（学名：*Aythya nyroca*）是中型潜鸭。在向海有分布，只是春天迁徙季节在湿地中可以见到。雄鸟头、颈、胸暗栗色，颈基部有一不明显的黑褐色领环。眼白色，上体暗褐色，上腹和尾下覆羽白色，翼镜和翼下覆羽亦为白色，两胁红褐色，肛区两侧黑色。雌鸟与雄鸟基本相似，但体色较暗些。

分布范围 分布在中国、阿尔巴尼亚、阿尔及利亚、亚美尼亚、奥地利、阿塞拜疆、孟加拉国、白俄罗斯、格鲁吉亚、德国、希腊、匈牙利、印度等国家和地区。

种群现状 在中国内蒙古和西北地区曾是较为常见的一种潜鸭，现已少见，需要加强保护。

保护级别 列入《世界自然保护联盟（IUCN）濒危物种红色名录》ver 3.1（2019）——近危（NT）。列入《国家保护的有益的或者有重要经济、科学研究价值的陆生野生动物名录》。

生活习性 属迁徙性鸟。每年4月初至4月中旬迁到繁殖地。10月初至10月中旬从繁殖地开始南迁。迁徙时成群，常成十多只至几十只的小群。

白眉鸭

　　白眉鸭（学名：*Anas querquedula*）是小型鸭。在向海的湿地中时常可见，但数量不多。雄鸭嘴黑色，头和颈部为淡栗色，有白色细纹。眉纹白色，宽而长，一直延伸到头后，极为醒目。上体棕褐色，两肩与翅为蓝灰色，肩羽延长成尖形，且呈黑白二色。雌鸭上体黑褐色，下体白而带棕色，眉纹白色但没有雄鸭显著。

分布范围　繁殖于中国的东北、西北地区。冬季南迁至北纬35°以南地区。

种群现状　白眉鸭是中国主要产业鸟之一，但种群数量已相当少。

保护级别　列入《世界自然保护联盟（IUCN）濒危物种红色名录》ver 3.1（2012）——无危（LC）。列入《国家保护的有益的或者有重要经济、科学研究价值的陆生野生动物名录》。

生活习性　每年春季从南方越冬地迁到中国华北地区、东北和西北繁殖地。秋季陆续到南方越冬地。迁徙时常密集成群。性情胆怯而机警，常在水草隐蔽处活动和觅食。

针尾鸭

　　针尾鸭（学名：*Anas acuta*）是一种不常见的鸟。属中型游禽，在向海有分布。雄鸭背部满杂以淡褐色与白色相间的波状横斑，头暗褐色，颈侧有白色纵带与下体白色相连，翼镜铜绿色。雌鸭形体较小，上体黑褐色，杂以黄白色斑纹，无翼镜，尾较雄鸟短，但较其他鸭的尾长。

分布范围　　遍及中国东北和华北各地。新疆西北部及西藏南部有繁殖记录。冬季迁至北纬30°以南地区。

种群现状　　目前，针尾鸭数量减少，需要加强保护。

保护级别　　列入《世界自然保护联盟（IUCN）濒危物种红色名录》ver 3.1（2012）——无危（LC）。列入《国家保护的有益的或者有重要经济、科学研究价值的陆生野生动物名录》。

生活习性　　每年3月初开始迁离中国南方越冬地，3月中下旬大量到达华北和东北地区，短暂停留后向北飞往繁殖地。

鹊 鸭

　　鹊鸭（学名：*Bucephala clangula*）是中型鸭，数量少，在向海不常见。雄鸭头黑色，两颊近嘴基处有大型白色圆斑。上体黑色，颈、胸、腹、两胁和体侧白色。嘴黑色，眼金黄色，脚橙黄色。雌鸟略小，嘴黑色，先端橙色，头和颈褐色，眼淡黄色，颈基有白色颈环、上体淡黑褐色，上胸、两胁灰色，其余下体为白色。

分布范围　在中国主要繁殖于大兴安岭地区，越冬于华北沿海、东南沿海和长江中下游，东至福建和广东，西至西藏。也有部分鹊鸭在吉林省松花江和鸭绿江以及辽宁省丹东和大连湾一带越冬。

种群现状　该物种分布范围广，在中国东部沿海、内陆湖泊与沼泽地区较为常见，数量较丰富，不接近物种生存的脆弱濒危临界值标准，种群数量趋势稳定。

保护级别　列入《世界自然保护联盟（IUCN）濒危物种红色名录》ver 3.1（2012）——无危（LC）。列入《国家保护的有益的或者有重要经济、科学研究价值的陆生野生动物名录》。

生活习性　春季于3月初开始从中国南方越冬地迁往北方繁殖地，有部分不参与繁殖的幼鸟留在更靠北的越冬地。秋季于10月初至11月从繁殖地南迁。性情机警而胆怯。

青头潜鸭

　　青头潜鸭（学名：*Aythya fuligula*）是一种非常珍稀的鸟。目前，在向海自然保护区的核心区有少量种群繁殖。体圆，头大，雄鸟头和颈黑色，有绿色光泽，眼白色。上体黑褐色，下背和两肩杂以褐色虫蠹状斑，腹部白色，与胸部栗色截然分开，并向上扩展到两胁前面，下腹杂有褐斑；两胁淡栗褐色，有白色端斑。雌鸟体羽纯褐色。

分布范围　分布于中国、印度、蒙古、缅甸、尼泊尔、泰国、越南等国家和地区。中国主要繁殖于东北黑龙江、吉林、辽宁、内蒙古及河北东北部等地区，越冬在长江中下游以及福建、广东等沿海地区。

种群现状　根据2020年全国青头潜鸭越冬期同步调查结果显示，青头潜鸭数量仅存1500只左右，堪称鸟中的"大熊猫"。

保护级别　列入《世界自然保护联盟（IUCN）濒危物种红色名录》ver 3.1（2012）——极危（CR）。列入《国家保护的有益的或者有重要经济、科学研究价值的陆生野生动物名录》。列入《国家重点保护野生动物名录》一级。

生活习性　青头潜鸭为迁徙性深水鸟。很少鸣叫，善于潜水。杂食性，主要以水生植物和鱼虾贝壳类为食。繁殖期雄鸭协助雌鸭选择营巢地点，在地面刨出浅坑或搜集一堆苇草筑巢。雌雄共同参与雏鸟的养育。

翘鼻麻鸭

翘鼻麻鸭（学名：*Tadorna tadorna*）是大型鸭，在向海的春、夏两季均可看到。它的体羽大都是白色，头和上颈为黑色，具绿色光泽；嘴向上翘，红色；繁殖期雄鸟上嘴基部有一红色瘤状物。自背至胸有一条宽的栗色环带。肩羽和尾羽末端黑色，腹中央有一条宽的黑色纵带，其余体羽白色。

分布范围 在中国主要分布于黑龙江、吉林、内蒙古、甘肃、青海和新疆。

种群现状 翘鼻麻鸭在中国的种群数量一直很丰富。该物种分布范围广，不接近物种生存的脆弱濒危临界值标准，种群数量趋势稳定，因此被评价为无生存危机的物种。

保护级别 列入《世界自然保护联盟（IUCN）濒危物种红色名录》ver 3.1（2012）——无危（LC）。列入《国家保护的有益的或者有重要经济、科学研究价值的陆生野生动物名录》。

生活习性 3月初开始离开越冬地迁往中国北方繁殖地，到达我国东北繁殖地的时间是4月中旬，到达西北繁殖地的时间是5月初。秋季开始离开繁殖地前往越冬地，迁徙时多成家族群和小群。

■ 罗纹鸭

罗纹鸭（学名：*Anas falcata*）是中型鸭，在向海自然保护区春、秋两季迁徙时可以见到。数量少且十分珍稀。雄鸭繁殖期头顶暗栗色，头侧、颈侧和颈冠铜绿色。颏、喉白色，其上有一黑色横带位于颈基处。三级飞羽甚长，向下垂，呈镰刀状。下体满杂以黑白相间波浪状细纹。下两侧各有一块三角形乳黄色斑。雌鸭较雄鸭略小，上体黑褐色满布淡棕红色"U"形斑。下体棕白色，满布黑斑。

分布范围 在中国主要分布在内蒙古、黑龙江、吉林（繁殖鸟），在黄河下游、长江以南、海南岛越冬。

种群现状 种群数量减少，数量不及绿翅鸭和花脸鸭丰富。

保护级别 列入《世界自然保护联盟（IUCN）濒危物种红色名录》ver 3.1（2012）——近危（NT）。列入《国家保护的有益的或者有重要经济、科学研究价值的陆生野生动物名录》。

生活习性 通常3月初至3月中旬开始从越冬地往北迁徙，3月末至4月初到达中国河北东北部和东北地区，其中少部留在当地繁殖。迁徙时常成几只至十多只的小群。

绿头鸭

　　绿头鸭（学名：*Anas platyrhynchos*）是大型鸭，是向海一种常见的鸟。分布数量较大，在湿地筑巢繁殖，外形大小和家鸭相似。雄鸟嘴黄绿色，脚橙黄色，颈部有一明显的白色领环。上体黑褐色，腰和尾上覆羽黑色。雌鸭嘴黑褐色，嘴端暗棕黄色，脚橙黄色和紫蓝色翼镜。

分布范围　分布于中国、阿富汗、阿尔巴尼亚、阿尔及利亚、亚美尼亚、奥地利、阿塞拜疆、巴哈马、巴林、孟加拉国、白俄罗斯、保加利亚、加拿大、哥斯达黎加、克罗地亚、古巴等国家和地区。

种群现状　该物种分布范围广，种群数量趋势稳定，因此被评价为无生存危机的物种。

保护级别　列入《世界自然保护联盟（IUCN）濒危物种红色名录》ver 3.1（2012）——无危（LC）。列入《国家保护的有益的或者有重要经济、科学研究价值的陆生野生动物名录》。

生活习性　除格陵兰亚种、夏威夷亚种和佛罗里达亚种等部分亚种属不迁徙的留鸟外，其他亚种（包括分布在中国的指名亚种）均要迁徙，属迁徙型鸟。

绿翅鸭

　　绿翅鸭（学名：*Anas crecca*）是小型鸭。在向海的湿地，春、秋两季迁徙时比较常见。雄鸟头至颈部深栗色，头顶两侧从眼开始有一条宽阔的绿色带斑一直延伸至颈侧，尾下覆羽黑色，两侧各有一黄色三角形斑。嘴和脚均为黑色。

分布范围　分布于中国、阿富汗、阿尔巴尼亚、阿尔及利亚、安圭拉、亚美尼亚、阿鲁巴、奥地利、阿塞拜疆、柬埔寨、喀麦隆、加拿大、开曼群岛、中非共和国、乍得、哥伦比亚等国家和地区。

种群现状　在中国曾经是相当常见的鸟。不仅分布广，数量也极为庞大，但目前种群数量明显减少。

保护级别　列入《世界自然保护联盟（IUCN）濒危物种红色名录》ver 3.1（2012）——无危（LC）。列入《国家保护的有益的或者有重要经济、科学研究价值的陆生野生动物名录》。

生活习性　每年3月初开始从中国南方越冬地北迁，少数个体留在东北和华北地区越冬。

斑嘴鸭 ■

斑嘴鸭（学名：*Anas poecilorhyncha*）是大型鸭，形体大小和绿头鸭相似，是向海常见的一种鸟。雌雄羽色相似。上嘴黑色，先端黄色，脚橙黄色，脸至上颈侧、眼先、眉纹、额和喉均为淡黄白色，远处看起来呈白色，与体色有明显反差。

分布范围　在中国繁殖于东北、华北、西北地区；越冬在中国长江以南、西藏南部地区，部分终年留居长江中下游，华东和华南一带。

种群现状　中国家鸭祖先之一，野生种群极为丰富。该物种分布范围广，不接近物种生存的脆弱濒危临界值标准，种群数量趋势稳定，被评价为无生存危机的物种。

保护级别　列入《世界自然保护联盟（IUCN）濒危物种红色名录》ver 3.1（2012）——无危（LC）。

生活习性　每年3月中上旬开始从中国南方越冬地北迁，部分留在当地繁殖。秋季开始南迁，部分留在东北和华北地区越冬。

■ 赤膀鸭

　　赤膀鸭（学名：*Anas strepera*）是中型鸭，个体较家鸭稍小。春、夏、秋三季在向海的湿地中时常可见。雄鸟嘴黑色，脚橙黄色。上体暗褐色，背上部有白色波状细纹，腹白色，胸暗褐色且具新月形白斑。雌鸟嘴橙黄色，上体暗褐色且有白色斑纹，翼镜白色。

分布范围　主要繁殖于中国新疆天山和东北北部；越冬在西藏南部、云南、贵州、四川、长江中下游和东南沿海；迁徙时经过新疆、青海、内蒙古一带。

种群现状　赤膀鸭原有2个亚种，其中范宁亚种虽已绝灭，但指名亚种却分布极广，而且数量较丰富。

保护级别　列入《世界自然保护联盟（IUCN）濒危物种红色名录》ver 3.1（2012）——无危（LC）。列入《国家保护的有益的或者有重要经济、科学研究价值的陆生野生动物名录》。

生活习性　春季见于华北地区，4月中旬见于中国东北地区，其中部分留在当地繁殖，其余继续北迁，秋季到达南方越冬地。

黑天鹅

　　黑天鹅（学名：*Cygnus atratus*）是鸭科天鹅属的一种大型游禽，在向海的数量较少，只有迁徙时可见。拥有天鹅种类中最长的脖子，通常呈"S"形拱起或直立。全身羽毛卷曲，体羽斑点闪烁，主要呈黑灰色或黑褐色，腹部为灰白色，飞羽为白色。

分布范围　分布在澳大利亚，主要活动在澳大利亚西南部、南部、东部地区。后引进至西班牙、英国和部分西欧国家，有少数游荡的黑天鹅活动在印度尼西亚以及新几内亚。在中国和日本均有养殖。

种群现状　该物种分布范围广，不接近物种生存的脆弱濒危临界值标准，种群数量趋势稳定，没有证据表明存在任何下降或严重威胁的情况，因此被评价为无生存危机的物种。

保护级别　列入《世界自然保护联盟（IUCN）濒危物种红色名录》ver 3.1（2016）——无危（LC）。

生活习性　成对或结群活动，食物是以植物、各种水生植物和藻类为主。具有较强的游牧性，迁移模式不规律，主要取决于气候条件。

■ 红头潜鸭

红头潜鸭（学名：*Aythya ferina*）在向海湿地中时常可以看到。雄鸭头顶呈红褐色，圆形，胸部和肩部黑色，其他部分大都为淡棕色，翼镜大部呈白色。雌体大都呈淡棕色，翼灰色，腹部灰白。雄体覆羽与雌性同，但头和颈部的红色比较浅些，眼鲜红色或红棕色。

分布范围 在中国繁殖于西北地区，冬季迁至华东及华南地区。

种群现状 通常在越冬期间即已成对，营巢于水边芦苇丛或三棱草丛中的地上，也有营巢于芦苇丛中飘浮的物体上的。

保护级别 列入《世界自然保护联盟（IUCN）濒危物种红色名录》ver 3.1（2013）——无危（LC）。列入《国家保护的有益的或者有重要经济、科学研究价值的陆生野生动物名录》。

生活习性 3月中下旬开始往中国北方迁徙，4月中旬到达东北。10月初开始南迁，11月初到达南方越冬地。少数留在东北越冬。

灰雁

灰雁（学名：*Anser anser*）春、秋两季迁徙，在向海较为常见，多集成大群活动。灰雁体大而肥胖。嘴、脚肉色，上体灰褐色，下体污白色，飞行时双翼拍打用力，振翅频率高。脖子较长。腿位于身体的中心支点，行走自如。

分布范围　分布在中国、奥地利、阿塞拜疆、巴林、孟加拉国、白俄罗斯、比利时、不丹、波斯尼亚和黑塞哥维那、保加利亚、克罗地亚、塞浦路斯、捷克、丹麦、爱沙尼亚、法罗群岛、芬兰等国家和地区。

种群现状　在中国种群数量较大，特别是越冬种群，历史上曾和鸿雁、豆雁、白额雁一样是我国传统的狩猎对象。由于过度狩猎和越冬环境恶化，种群数量下降很快。

保护级别　列入《世界自然保护联盟（IUCN）濒危物种红色名录》ver 3.1（2018）——无危（LC）。列入《国家保护的有益的或者有重要经济、科学研究价值的陆生野生动物名录》。

生活习性　3月成群从南方越冬地迁到中国黑龙江、内蒙古、甘肃、青海、新疆等北部地区繁殖。9月末开始成群迁往南方越冬，大批在10月初至10月末迁徙，少数持续到11月初。

琵嘴鸭

　　琵嘴鸭（学名：*Anas clypeata*）是中型鸭，在向海湿地或水泡中时常可以看到。雄鸭头至上颈暗绿色而具光泽，背黑色，背的两边以及外侧肩羽和胸白色，且连成一体。脚橙红色，嘴黑色，大而扁平，先端扩大成铲状，形态极为特别。雌鸭较雄鸭略小，外貌特征也不及雄鸭明显，也有大而呈铲状的嘴。

分布范围　在中国主要繁殖于新疆西部、东北部，以及黑龙江省和吉林省。越冬在西藏南部、云南、贵州、四川、长江中下游和东南沿海各省，迁徙时经过辽宁、内蒙古等省。

种群现状　曾是中国传统狩猎鸟之一，目前数量已很少。

保护级别　列入《世界自然保护联盟（IUCN）濒危物种红色名录》ver 3.1（2012）——无危（LC）。列入《国家保护的有益的或者有重要经济、科学研究价值的陆生野生动物名录》。

生活习性　迁徙性鸟，在迁徙季节集成较大的群体。每年4月中旬到达东北北部和长白山地区，秋季经华北返回长江以南越冬地。

普通秋沙鸭

普通秋沙鸭（学名：*Mergus merganser*）是秋沙鸭中个体最大的一种，是向海一种比较常见的鸟。雄鸟头和上颈黑褐色而有绿色金属光泽。下颈、胸以及整个下体和体侧为白色，背黑色，翅上有大型白斑，腰和尾灰色。雌鸟头和上颈棕褐色，上体灰色，下体白色，冠羽短，棕褐色，喉白色，有白色翼镜。

分布范围　在中国主要繁殖于东北西北部、北部和中部，新疆西部、中部和天山北部，青海东北部、南部以及西藏南部。越冬于吉林、辽宁、河北、山东，往西至甘肃、青海、四川、云南、贵州，往南至广东、广西和福建等省和地区。

种群现状　该物种分布范围广，种群数量趋势稳定。

保护级别　列入《世界自然保护联盟（IUCN）濒危物种红色名录》ver 3.1（2012）——无危（LC）。列入《国家保护的有益的或者有重要经济、科学研究价值的陆生野生动物名录》。

生活习性　春季于3月开始从越冬地起飞，4月中旬到达繁殖地。秋季离开繁殖地，到达最北边的越冬地。成小群飞行，一般沿河流迁徙。

疣鼻天鹅

　　疣鼻天鹅（学名：*Cygnus olor*）是一种大型游禽，在向海有过记录，但目前很难见到。它的脖颈细长，前额有一块瘤疣的突起，因此得名。全身羽毛洁白。在水中游泳时，颈部弯曲而略似"S"形。嘴基有明显的球块且雄性较大，雌性不很发达。眼深棕色，嘴橙黄色，基部和球块黑色，脚趾和蹼灰黑色。

分布范围　在中国主要繁殖于新疆中部、北部，青海柴达木盆地，甘肃西北部和内蒙古。越冬在长江中下游、东南沿海地区。迁徙时经过东北、华北和山东部分地区。

种群现状　该物种分布范围广，种群数量趋势稳定。

保护级别　列入《世界自然保护联盟（IUCN）濒危物种红色名录》ver 3.1（2012）——无危（LC）。

生活习性　主要在水中生活，性情机警，视力强，颈伸直能远眺数里。游泳时隆起两翅，颈向后曲，头朝前低垂，姿态极为优雅。

鸳鸯

鸳鸯（学名：*Aix galericulata*），鸳指雄鸟，鸯指雌鸟，雌雄异色。在向海沼泽或湿地中偶尔可以看到，但数量稀少。雄鸟嘴红色，脚橙黄色，羽色鲜艳而华丽，头具冠羽，眼后有宽阔的白色眉纹，翅上有一对栗黄色扇状直立羽，像帆一样立于后背。雌鸟嘴黑色，脚橙黄色，头和整个上体灰褐色，眼周白色，其后连一条细的白色眉纹，极为醒目和独特。

分布范围　多在中国东北北部、内蒙古繁殖；于东南各省越冬；少数在云南、贵州等地。

种群现状　该物种分布范围广，不接近物种生存的脆弱濒危临界值标准，种群数量趋势稳定。

保护级别　列入《世界自然保护联盟（IUCN）濒危物种红色名录》ver 3.1（2012）——无危（LC）。列入《国家重点保护野生动物名录》二级。

生活习性　每年3月陆续迁到东北繁殖地，9月离开繁殖地南迁，迁徙时成群。

斑背潜鸭

斑背潜鸭（学名：*Aythya marila*）是中等体矮型鸭，在向海非常罕见。每年春季迁徙时偶尔可以看到。雄鸟背灰，无羽冠。与小潜鸭很相像但形体较大且无短羽冠。

分布范围　繁殖在亚洲和欧洲极北部、冰岛和北美洲西北部。越冬在日本、朝鲜、印度、地中海和黑海沿岸以及中国的长江以南和东南沿海地区。迁徙期间经过吉林、辽宁、河北、山东等省。

种群现状　该物种分布范围广，不接近物种生存的脆弱濒危临界值标准，种群数量趋势稳定。

保护级别　列入《世界自然保护联盟（IUCN）濒危物种红色名录》ver 3.1（2018）——无危（LC）。列入《国家保护的有益的或者有重要经济、科学研究价值的陆生野生动物名录》。

生活习性　为迁徙性鸟，善游泳和潜水。繁殖期间成对活动，非繁殖期则喜成群。有时也与别的潜鸭混群活动。

Falconiformes

隼形目

隼形目有5科，在中国有2科。这一目中的鸟包括我们常说的鹰、隼、雕、鹫、鸢等。隼形目都是肉食性鸟，体态雄健，在各国的文化中具有神话色彩，受到人们的喜爱。包括鸮形目以外的所有猛禽，都在白天活动。隼形目多为单独活动，飞翔能力极强，也是视力最好的动物之一。雌鸟往往比雄鸟形体更大。

金雕

　　金雕（学名：*Aquila chrysaetos*）是一种大型猛禽，在向海有过记录，但十分罕见。以其突出的外观和敏捷有力的飞行而著名。成鸟的翼展平均超过2米，体长则可达1米，其腿爪上全部被羽毛覆盖。

分布范围　主要分布于中国的黑龙江的尚志、沾河、哈尔滨、齐齐哈尔、牡丹江、佳木斯、绥化、伊春、大兴安岭；吉林的白城、通化、延边、吉林市；辽宁的本溪、丹东、大连、锦州、朝阳；内蒙古的呼伦贝尔；新疆西部昆仑山和天山；青海西宁、门源、青海湖等地。

种群现状　该物种分布范围广，不接近物种生存的脆弱濒危临界值标准，种群数量趋势稳定。

保护级别　列入《世界自然保护联盟（IUCN）濒危物种红色名录》ver 3.1（2013）——无危（LC）。列入《濒危野生动植物种国际贸易公约》（CITES）附录Ⅱ。列入《中国濒危动物红皮书·鸟类》易危种。

生活习性　通常单独或成对活动，冬天有时会结成较小的群体，但偶尔也能见到20只左右的大群聚集在一起捕捉较大的猎物。它善于翱翔和滑翔，常在高空中一边呈直线或圆圈状盘旋，一边俯视地面寻找猎物。

林 雕 ■

林雕（学名：*Ictinaetus malayensis*）是一种中型猛禽，春天冰雪融化的时节，在向海面积较大泡子的冰面、上空偶尔可以看到。它通体黑褐色，眼下及眼先具白斑；头、翼及尾部颜色较深，尾羽有不明显的灰褐色横斑。虹膜黄色，脚黄色；爪长且微有钩，与其他雕类有别。

分布范围 中国仅有指名亚种，分布于福建、海南等地，但各地均极罕见，在海南东南部为旅鸟。

种群现状 该物种不接近生存的脆弱濒危临界值标准，种群数量趋势稳定，为无生存危机的物种。

保护级别 列入《世界自然保护联盟（IUCN）濒危物种红色名录》ver 3.1（2012）——无危（LC）。列入《濒危野生植物种国际贸易公约》（CITES）附录Ⅱ。列入《国家重点保护野生动物名录》二级。列入《中国濒危动物红皮书·鸟类》稀有物种。

生活习性 有时是静静地站在悬崖岩石上或空旷地区的高大树木上，当有猎物出现时，突然冲下扑向猎物。有时掠地而过，在低空飞行中捕食。

毛脚鵟

　　毛脚鵟（学名：*Buteo lagopus*）又名雪白豹，因丰厚的羽毛覆盖脚趾而得名，是罕见的冬候鸟。每年初春，在向海时常可以看到。它的上体呈暗褐色，下背和肩部常缀近白色的不规则横带。尾部覆羽常有白色横斑，圆而不分叉。

分布范围　在中国主要分布于东北三省，西北部的新疆，西南部的云南，以及东部的山东、江苏、福建等省。

种群现状　该物种分布范围广，不接近物种生存的脆弱濒危临界值标准，种群数量趋势稳定，为无生存危机的物种。

保护级别　列入《世界自然保护联盟（IUCN）濒危物种红色名录》ver3.1（2016）——无危（LC）。列入《濒危野生动植物种国际贸易公约》（CITES）附录Ⅱ。列入《国家重点保护野生动物名录》二级。

生活习性　属于迁徙性鸟。多单独活动，在开阔的原野和农田地上空翱翔，比普通鵟更常徘徊飞行。飞行时似大型鹞。活动主要在白天。性机警，视觉敏锐。

乌 雕

　　乌雕（学名：*Aquila clanga Pallas*）别名花雕。春冬两季在向海面积较大的湖泊、泡子偶尔可见。它通体为暗褐色，背部略微缀有紫色光泽，颏部、喉部和胸部为黑褐色。

分布范围　留鸟。分布于欧洲东部，非洲东北部，亚洲东部、中部、南部和东南部等地，其中包括中国大部分地区。繁殖于俄罗斯南部、西伯利亚南部、土耳其、印度西北部及北部、中国北方；越冬于非洲东北部、印度南部、中国南部及东南亚至印度尼西亚。

种群现状　栖息环境被破坏，广阔范围的取食地也不断缩小，种群数量下降剧烈。

保护级别　列入《世界自然保护联盟（IUCN）濒危物种红色名录》易危种。列入《濒危野生动植物种国际贸易公约》（CITES）附录Ⅱ。列入《国家重点保护野生动物名录》一级。

生活习性　白天活动，性情孤独，常长时间站立于树梢上，多在飞翔中或伏于地面时捕食，有时在林缘和森林上空盘旋。主要以野兔、鼠、野鸭、蛙、蜥蜴、鱼和鸟等小型动物为食，有时也吃动物尸体。

■ 普通𫛭 ▰▰▰▰▰▰▰▰

　　普通𫛭（学名：*Buteo buteo*）属中型猛禽。在向海的草原、沙丘间的矮树上比较常见。它的上体主要为暗褐色，下体主要为暗褐色或淡褐色，具深棕色横斑或纵纹，尾淡灰褐色，有多道暗色横斑。

分布范围　分布于中国、阿富汗、阿尔巴尼亚、奥地利、阿塞拜疆、巴林、孟加拉国、白俄罗斯、比利时、不丹、波斯尼亚和黑塞哥维那、博茨瓦纳、保加利亚、布隆迪、柬埔寨等国家和地区。

种群现状　该物种分布范围广，不接近物种生存的脆弱濒危临界值标准，种群数量趋势稳定，因此被评价为无生存危机的物种。

保护级别　列入《世界自然保护联盟（IUCN）濒危物种红色名录》ver 3.1（2012）——无危（LC）。列入《国家重点保护野生动物名录》二级。

生活习性　在中国大小兴安岭及其以北地区繁殖的种群为夏候鸟，在吉林省长白山地区部分为夏候鸟，部分为留鸟，辽宁、河北及其以南地区部分为冬候鸟，部分为旅鸟。

秃鹫

秃鹫（学名：*Aegypius monachus*）是大型猛禽，在向海有过记录，但目前已经十分罕见。它通体呈黑褐色，头裸出，背有短的黑褐色绒羽，后颈完全裸出无羽，颈基部被有长的黑色或淡褐白色羽簇形成的皱翎。幼鸟比成鸟体色淡，头更裸露，较容易识别。

分布范围　在中国各省份都有分布。在新疆西部、青海南部及东部、甘肃、宁夏、内蒙古西部、四川北部繁殖，在其他地区有零星分布。

种群现状　在世界范围，秃鹫的种群数量明显在减少，在欧洲不少地方秃鹫已经消失。

保护级别　列入《世界自然保护联盟（IUCN）濒危物种红色名录》ver 3.1（2018）——近危（NT）。列入《濒危野生动植物种国际贸易公约》（CITES）2019年附录Ⅱ。列入《国家重点保护野生动物名录》一级。

生活习性　留鸟，部分迁徙或营巢后期游荡。在中国东北、华北北部、西北地区和四川西北部为留鸟。长江中下游和东部与东南沿海地区为偶见冬候鸟。

■ 雀鹰

　　雀鹰（学名：*Accipiter nisus*）是向海常见的一种小型猛禽，数量较大。雄鸟上体暗灰色，雌鸟灰褐色，头后杂有少许白色。下体白色或淡灰白色，雄鸟有细密的红褐色横斑，雌鸟有褐色横斑。

分布范围　亚洲亚种繁殖于中国东北各省及新疆西北部的天山，冬季南迁至中国东南部及中部以及海南等地。喜马拉雅山亚种繁殖于中国甘肃中部以南至四川西部及西藏南部至云南北部。冬季南迁至我国西南。为常见森林鸟。

种群现状　分布广泛，数量较多，特别是捕食大量的鼠类和害虫，对于农业、林业和牧业均十分有益，对维持生态平衡也起到了积极的作用。雀鹰可驯养为狩猎禽。

保护级别　列入《世界自然保护联盟（IUCN）濒危物种红色名录》ver 3.1（2012）——无危（LC）。

生活习性　部分留鸟迁徙。春季迁到繁殖地，秋季离开。常单独生活。

白尾海雕

　　白尾海雕（学名：*Haliaeetus albicilla*）是一种大型猛禽。在向海有过历史记录，但目前很难见到其踪迹。成鸟多为暗褐色，后颈和胸部羽毛为披针形，较长。头、颈羽色较淡，沙褐色或淡黄褐色。嘴、脚黄色，尾羽呈楔形，为纯白色。

分布范围　中国仅有指名亚种，已知的分布地点有北京、河北、山西、内蒙古、辽宁、吉林、黑龙江、上海、江苏、浙江、安徽、江西、山东、湖北、广东、四川、西藏、甘肃、青海、宁夏、新疆等地。

种群现状　该物种分布范围广，不接近物种生存的脆弱濒危临界值标准，种群数量趋势稳定。

保护级别　列入《世界自然保护联盟（IUCN）濒危物种红色名录》ver 3.1（2013）——无危（LC）。分布于我国境内的指名亚种被列入《国家重点保护野生动物名录》一级。

生活习性　白天单独或成对在湖面和海面上空飞翔，冬季有时在高空翱翔。飞翔时两翅平直，常轻轻扇动飞行一阵后接着短暂地滑翔。

■ 鹰 雕

鹰雕（学名：
Nisaetus nipalensis）
在向海有过记录，
它的上半身呈棕
色，下体有白色
纹。翅膀很宽，在
飞行时呈"V"形，
未成熟的鹰雕通常
头部是白色的。

分布范围 在中国已知的分布地点有内蒙古、辽宁、黑龙江、浙江、安徽、福建、湖北、广东、广西、四川、云南、西藏、海南等地。全世界共分化为5个亚种，其中我国分布有4个亚种。

种群现状 该物种分布范围广，不接近物种生存的脆弱濒危临界值标准，种群数量趋势稳定。

保护级别 列入《世界自然保护联盟（IUCN）濒危物种红色名录》ver 3.1（2012）——无危（LC）。列入《国家重点保护野生动物名录》二级。

生活习性 经常单独活动，飞翔时两个翅膀平伸，扇动较慢，有时也在高空盘旋。主要以野兔、野鸡、蛇、蜥蜴、鼬科动物和鼠类等为食，也捕食小鸟和大的昆虫，偶尔捕食鱼类。

苍鹰 ■

　　苍鹰（学名：*Accipiter gentilis*）是中小型猛禽。在向海有分布，但不常见。它的头顶、枕和头侧为黑褐色，枕部有白羽尖，眉纹为白杂黑纹。背部棕黑色，胸以下密布灰褐色和白色相间横纹，尾灰褐色，有4条宽阔黑色横斑。雌鸟形体比雄鸟大。

分布范围　在中国主要分布于北京、天津、河北、山西、内蒙古、辽宁、吉林、黑龙江、上海、安徽、江西、浙江、山东、河南、湖北、湖南、广东、广西、四川、贵州、云南、西藏、陕西、宁夏、新疆。

种群现状　该物种分布范围广，不接近物种生存的脆弱濒危临界值标准。

保护级别　列入《濒危野生动植物种国际贸易公约》（CITES）附录Ⅱ，生效年代1997年。列入《世界自然保护联盟（IUCN）濒危物种红色名录》ver 3.1（2012）——无危（LC）。列入《国家重点保护野生动物名录》二级。

生活习性　苍鹰是森林中肉食性猛禽。视觉敏锐，善于飞翔。白天活动。性甚机警，善隐藏。通常单独活动，叫声尖锐洪亮。很少在空中翱翔，多隐蔽在森林中树枝间窥视猎物。

■ 草原雕

草原雕（学名：*Aquila nipalensis*）是一种大型猛禽。目前，冬季在向海偶尔可以看到。由于年龄以及个体之间的差异，体色变化较大，从淡灰褐色、褐色、棕褐色、土褐色到暗褐色都有。

分布范围 分布于中国、阿富汗、阿尔巴尼亚、亚美尼亚、阿塞拜疆、巴林、孟加拉国、不丹、博茨瓦纳、保加利亚、刚果民主共和国、吉布提、埃及、厄立特里亚、埃塞俄比亚、格鲁吉亚、希腊、印度。

种群现状 该物种分布范围广，不接近物种生存的脆弱濒危临界值标准，种群数量趋势稳定。

保护级别 列入《世界自然保护联盟（IUCN）濒危物种红色名录》ver 3.1（2012）——无危（LC）。

生活习性 白天活动，或长时间地栖息于电线杆、孤树和地面上，或翱翔于草原和荒地上空。主要以黄鼠、跳鼠、沙土鼠、蛇和鸟等小型脊椎动物和昆虫为食，有时也吃动物尸体和腐肉。

大鵟 ■

大鵟（学名：*Buteo hemilasius*）是一种大型猛禽，冬季在向海的树林间或沙丘上时常可以看到。它的头顶和后颈白色，上体淡褐色，有暗色横斑，羽干白色。下体大都棕白色。跗跖前面通常被羽，翼下有白斑。虹膜黄褐色，嘴黑色，爪黑色。

分布范围　在中国于黑龙江、吉林、辽宁、内蒙古、西藏、新疆、青海、甘肃等地为留鸟，于北京、河北、山西、山东、上海、浙江、广西、四川、陕西等地为旅鸟、冬候鸟。

种群现状　种群数量趋势稳定。以鼠类、兔等为主要食物，在草原保护中具有很大作用，应注意保护。

保护级别　列入《世界自然保护联盟（IUCN）鸟类红色名录》ver 3.1（2009）——无危（LC）。列入《国家重点保护野生动物名录》二级。

生活习性　主要为留鸟，部分迁徙。春季多于3月末至4月初到达繁殖地，秋季多在10月末至11月中旬离开繁殖地。在我国的繁殖种群主要为留鸟，部分迁往繁殖地南部越冬。

灰脸鵟鹰

灰脸鵟鹰（学名：*Butastur indicus*）在向海有分布，数量十分稀少。目前，在茂密的树林间，夏季偶尔可以看到。它是一种中型猛禽，上体暗棕褐色，翅上的覆羽也是棕褐色，尾羽为灰褐色。

分布范围 在中国主要分布于北京、河北、辽宁、吉林、黑龙江、上海、浙江、福建、江西、山东、广东、广西、海南、四川、贵州、云南、陕西等地。其中在黑龙江、吉林、辽宁、北京、河北、陕西等地为夏候鸟；在山东、上海、海南、四川等地为旅鸟；在浙江、贵州为冬候鸟；在云南为留鸟。

种群现状 该物种分布范围广，不接近物种生存的脆弱濒危临界值标准，种群数量趋势稳定。

保护级别 列入《世界自然保护联盟（IUCN）濒危物种红色名录》ver 3.1（2012）——无危（LC）。列入《濒危野生动植物种国际贸易公约》（CITES）附录Ⅰ。列入《国家重点保护野生动物名录》二级。

生活习性 常单独活动，只有迁徙期间才成群。白天在森林的上空盘旋、在低空飞行。性情较为胆大，叫声响亮，有时也飞到城镇和村屯内捕食。

虎头海雕

虎头海雕（学名：*Haliaeetus pelagicus*）是一种非常珍稀的大型猛禽。向海有过记录，但目前已经很难看到。因头部为暗褐色，且有灰褐色的纵纹，看似虎斑，因而得名。形体硕大，特征为有一黄色的特大的喙。

分布范围　中国仅有指名亚种，极为罕见，仅记录于河北滦南、山西榆次、辽宁大连和营口、吉林珲春、黑龙江抚远等地。在黑龙江洪河沼泽自然保护区有分布，但无繁殖确证。其余大部地区均为旅鸟。

种群现状　虎头海雕属于易受害种，分布区狭窄，种群数量稀少并仍在下降。

保护级别　列入《世界自然保护联盟（IUCN）濒危物种红色名录》ver 3.1（2012）——易危（VU）。

生活习性　飞行缓慢，常在空中滑翔、盘旋或者长时间地站在岩石岸边、乔木树枝上或者岸边的沙丘上。冬季成群活动，是海湾或湖泊上空最大型的猛禽，时常盘旋于天际，行动极为机警。

鹗

鹗（学名：*Pandion haliaetus*）又名鱼鹰。目前，每年春季在向海较大的水泡或向海湖的上空偶尔可以看到。隼形目鹗科鹗属仅有的一种鸟。嘴黑色，头白色，顶部有黑褐色的细纵斑。背部大致暗褐色，尾羽有黑褐色横斑。腹部为白色，胸部有赤褐色的纵斑。飞行时双翼呈狭长形，翼下为白色。

分布范围 在中国仅产指名亚种，分布几乎遍及各地。其中于黑龙江、吉林、辽宁、内蒙古、新疆、甘肃、宁夏、西藏为夏候鸟；于北京、河北、山东、山西为旅鸟；于上海、浙江、广东、广西为冬候鸟；于海南为留鸟。

种群现状 该物种分布范围广，不接近物种生存的脆弱濒危临界值标准，种群数量趋势稳定。

保护级别 列入《世界自然保护联盟（IUCN）濒危物种红色名录》ver 3.1（2013）——无危（LC）。

生活习性 在中国东北为夏候鸟，南方为留鸟，其他地区为旅鸟或冬候鸟。常单独或成对活动，迁徙期间也常集成小群，多在水面缓慢地飞行捕鱼，有时也在高空翱翔和盘旋。

白尾鹞 ■

白尾鹞（学名：*Circus cyaneus*）是一种中型猛禽。目前，在向海草原或沙丘间的荒地时常可以看到，贴着地面飞行觅食。雄鸟上体蓝灰色、头和胸部较暗，翅尖黑色，尾上覆羽白色，腹、两胁和翅下覆羽白色。雌鸟上体暗褐色，尾上覆羽白色，下体皮黄白色或棕黄褐色。

分布范围 在中国繁殖于新疆西部、内蒙古东北部、吉林、辽宁和黑龙江等省；越冬于甘肃、青海、长江中下游，南至广东、广西、福建，西至西藏、云南、贵州；迁徙期间经过河北、山东、山西、陕西、四川等省。

种群现状 该物种分布范围广，不接近物种生存的脆弱濒危临界值标准，种群数量趋势稳定。

保护级别 列入《世界自然保护联盟（IUCN）濒危物种红色名录》ver 3.1（2012）——无危（LC）。列入《濒危野生动植物种国际贸易公约》（CITES）附录Ⅱ。列入《国家重点保护野生动物名录》二级。

生活习性 在中国东北和新疆西部为夏候鸟，在长江中下游、东南沿海、西藏南部、云南、贵州为冬候鸟，在其他地方为旅鸟。

■ 红隼

红隼（学名：*Falco tinnunculus*）是小型猛禽之一，在向海分布较广，是一种常见的鸟。它的喙较短，先端两侧有齿突，基部不被蜡膜或须状羽；鼻孔圆形，自鼻孔向内可见一柱状骨棍。翅长而狭尖，扇翅节奏较快；尾部细长。

分布范围 在中国主要分布于北京、河北、山西、内蒙古、辽宁、吉林、黑龙江、上海、四川、贵州、云南、西藏、陕西、甘肃、青海、宁夏、新疆等地。

种群现状 该物种分布范围广，不接近物种生存的脆弱濒危临界值标准，种群数量趋势稳定。

保护级别 列入《世界自然保护联盟（IUCN）濒危物种红色名录》ver 3.1（2012）——无危（LC）。列入《国家重点保护野生动物名录》二级。

生活习性 在中国北部繁殖的种群为夏候鸟，南部繁殖种群为留鸟。春季3月中旬至4月中旬陆续迁到北方繁殖地，10月迁离繁殖地。

猎隼

　　猎隼（学名：*Falco cherrug*）是季候鸟，为大型猛禽。主要以鸟和小型动物为食。目前，在向海有分布，但不常见。在树林或沙丘间的矮树上偶尔可以看到。

分布范围　主要分布在中国北方、中欧、北非、印度北部、中亚至蒙古。

种群现状　猎隼易于驯养，经驯养后是很好的狩猎工具，历史上就有猎手驯养猎隼。一些不法分子非法捕捉猎隼从事走私活动，给该物种造成了较大威胁。隼类的贸易驱使人们捕捉而导致种群数量下降。

保护级别　列入《世界自然保护联盟（IUCN）濒危物种红色名录》（濒危物种）。列入《国家重点保护野生动物名录》一级。

生活习性　主要以中小型鸟、野兔、鼠等动物为食。除此之外，凶猛的猎隼还可以攻击金雕等大型凶猛禽类。

■ 拟游隼

拟游隼（学名：*Falco pelegrinoides*）是中等大小的隼，外观似游隼，但形体较小。在向海有分布，数量非常少。它的上体呈灰蓝色，颈部红褐色。雌鸟比雄鸟大，外观相似。雏鸟的上体呈褐色，下体的斑纹较浅。

分布范围 分布于中国、阿富汗、阿尔及利亚、埃及、厄立特里亚、印度、伊朗、伊拉克、以色列、约旦、哈萨克斯坦、科威特、吉尔吉斯斯坦、利比亚、摩洛哥、尼日尔、阿曼、巴基斯坦等国家和地区。

种群现状 该物种分布范围很广，因此不接近物种标准下的弱势阈值范围。数量趋势稳定，因此该物种被评价为无生存危机的物种。

保护级别 列入《世界自然保护联盟（IUCN）濒危物种红色名录》ver 3.1（2012）——无危（LC）。

生活习性 飞行迅速。多单独活动，叫声尖锐。通常在快速鼓翼飞翔时伴随着一阵滑翔。主要捕食野鸭、鸥、鸠鸽、乌鸦和鸡等中小型鸟，偶尔也捕食鼠和野兔等小型哺乳动物。

阿穆尔隼 ▪

　　阿穆尔隼（学名：*Falco amurensis*）是隼科隼属的鸟，又称为东方红脚隼。目前，是向海一种常见的鸟，多在树林间或沙丘、电线上飞落。它体呈灰色，腿、腹部及臀呈棕色。

分布范围　繁殖于西伯利亚至朝鲜北部及中国中北部、东北部，印度东北部有繁殖记录。迁徙时见于印度及缅甸，越冬于非洲。

种群现状　2015年10月11日，东洞庭湖国家级自然保护区工作人员在东洞庭湖楼西湾水域上空观测到一群数量达120余只的阿穆尔隼。这群阿穆尔隼集群南迁，途中停歇，估计鸟群在保护区做短暂停留后将继续南迁。来年春季，将以10多只的小集群途经洞庭湖北迁往繁殖地。

保护级别　列入《世界自然保护联盟（IUCN）濒危物种红色名录》无危物种。根据《国家重点保护野生动物名录》，隼形目隼科所有种均属国家二级保护动物。

生活习性　黄昏后捕捉昆虫，有时似燕鸻结群捕食。迁徙时结成大群多至数百只，常与黄爪隼混群。喜欢飞落在电线上。

Galliformes

鸡形目

鸟纲中的一个目。包括6科83属302种。全世界均有分布。走禽。体结实，喙短，呈圆锥形，适于啄食植物种子。翼短圆，不善飞行，脚强健，具锐爪，善于行走和刨地寻食。雄鸟有大的肉冠和美丽的羽毛。我国已经记录的野生鸡是2科63种，包括松鸡科8种、雉科55种，分别占世界总数的47%和36%，是世界上野生鸡资源最丰富的国家，总种数居第一位，接近世界总种数的1/4，其中特有种有19种，堪称雉鸡王国。

■ 环颈雉

　　环颈雉（学名：*Phasianus colchicus*）多见于向海的草原、沙丘及连绵的灌木丛中。环颈雉生活得十分安逸，近年来，随着生态环境保护的力度不断加强，其种群数量日益壮大，时常可看到成群觅食活动。环颈雉共有31个亚种。雄鸟羽色华丽，分布在我国东部的几个亚种，颈部都有白色颈圈，与金属绿色的颈部，形成鲜明的对比。尾羽长而有横斑。雌鸟的羽色暗淡，大都为褐和棕黄色，尾羽也较短。

分布范围　分布于中国、阿富汗、希腊、伊朗、哈萨克斯坦、韩国、吉尔吉斯斯坦、老挝、蒙古、缅甸、俄罗斯等国家和地区。

种群现状　该物种分布范围广，不接近物种生存的脆弱濒危临界值标准，种群数量趋势稳定，因此被评价为无生存危机的物种。

保护级别　列入《世界自然保护联盟（IUCN）濒危物种红色名录》ver 3.1（2012）——无危(LC)。中国亚种全部已被列入《国家保护的有益的或者有重要经济、科学研究价值的陆生野生动物名录》。

生活习性　环颈雉的脚十分强健，善于奔跑，特别是在灌木丛中奔走极快，也善于藏匿。杂食性，所吃食物随地区和季节而不同。秋季主要以各种植物的果实、种子、叶、芽、草籽和部分昆虫为食。

Gruiformes

鹤形目

鹤形目有12科，其中有些科分布范围非常广泛，多数科则局限于狭小的地区，有些种类分布限于一些偏僻的海岛，甚至失去了飞翔能力。鹤形目中不少成员都是濒危物种，特别是那些分布于海岛的种类。鸟形体大小差别很大，有最大型的飞禽，也有很小型的种类。

白鹤

　　白鹤（学名：*Grus leucogeranus*）于每年春、秋两季迁徙时，在向海可以看到，成群的白鹤有时在浅水中觅食，有时成群在天空中编队滑翔。其形体略小于丹顶鹤。站立时通体白色，前额鲜红色，嘴和脚暗红色；飞翔时，翅尖黑色，其余羽毛白色。

分布范围　在中国主要分布在从东北到长江中下游，迁徙时见于河北、内蒙古、吉林（莫莫格、向海）、黑龙江。越冬地主要在江西和湖南，越冬期间零星个体见于辽宁瓦房店、江苏盐城等地。

种群现状　白鹤是濒危的动物之一，是由多方面因素导致的，人类破坏环境和捕杀是主要原因。

保护级别　列入《世界自然保护联盟（IUCN）濒危物种红色名录》ver 3.1（2012）——极危（CR）。列入《濒危野生动植物种国际贸易公约》（CITES）附录 I，1997年生效。列入《中国濒危动物红皮书·鸟类》一级，生效年代为1996年。

生活习性　在中国，白鹤主要为冬候鸟和旅鸟。吉林省莫莫格、辽宁省盘锦等湿地都是其迁徙途中的停息站。每年10月末，在向海可以看到数百甚至是上千只集群的白鹤停息，为南迁越冬补充能量。

白枕鹤

白枕鹤（学名：*Grus vipio*）的形体与丹顶鹤相似，上体为石板灰色。尾羽为暗灰色，末端具有宽阔的黑色横斑。目前，在向海并不多见，每年春、秋两季迁徙，在水泡边、湿地里觅食。

分布范围　繁殖于中国黑龙江齐齐哈尔、乌裕尔河下游、三江平原，吉林省向海、莫莫格，内蒙古东部达里诺尔湖等地。越冬于江西鄱阳湖、江苏洪泽湖、安徽菜子湖等地。迁徙期间经过辽宁、河北、河南、山东等省。

种群现状　数量稀少。

保护级别　列入《世界自然保护联盟（IUCN）濒危物种红色名录》ver 3.1（2012）——易危（VU）。列入《国家重点保护野生动物名录》二级。

生活习性　白枕鹤性情机警，人很难靠近。常常两只成鸟带领一只雏鸟觅食、练飞。迁徙时喜欢集群，主要以植物种子、草根、嫩叶、嫩芽、谷粒、鱼、蛙、蚯蚓、蝌蚪、虾、软体动物和昆虫等为食。

白头鹤

　　白头鹤（学名：*Grus monacha*）是一种迁徙的大型鸟。每年春、秋时节在向海的草原或湿地，偶尔可见十几只或数百只的种群。白头鹤喙长，腿长，蹼不发达，性情温雅，机警胆小。

分布范围　分布于中国、日本、韩国、朝鲜、蒙古、俄罗斯。繁殖于西伯利亚北部及中国东北，在日本南部及中国东部越冬。

种群现状　该物种少于10个越冬地，面积小，数量少。在这些越冬地的大多数区域中已经呈下降趋势，被列为易危。

保护级别　列入《世界自然保护联盟（IUCN）濒危物种红色名录》ver 3.1（2012）——易危（VU）。列入《濒危野生动植物种国际贸易公约》（CITES）附录Ⅰ。列入《中国濒危动物红皮书·鸟类》濒危种，生效年代为1996年。

生活习性　白头鹤的迁徙时间较为集中。到达越冬地的时间多在11月末。在中国内蒙古、乌苏里江流域繁殖，在长江下游越冬。

丹顶鹤

丹顶鹤（学名：*Grus japonensis*）是向海的明星鸟，向海也因此被誉为"丹顶鹤之乡"。目前，向海的丹顶鹤野生与人工繁殖并存。每天，鹤岛都会开展放飞活动，吸引国内外的游客观赏。丹顶鹤的颈、脚较长，通体大多白色，头顶朱红色，喉和颈暗褐色，耳至头枕白色。

分布范围　丹顶鹤繁殖于俄罗斯远东地区，中国黑龙江、乌苏里江流域和日本北海道，越冬于日本、朝鲜。

种群现状　丹顶鹤是对湿地环境变化最为敏感的指示生物。中国建立的以保护丹顶鹤为主的自然保护区已经超过18个。

保护级别　列入《世界自然保护联盟（IUCN）濒危物种红色名录》ver 3.1（2012）——濒危（EN）。列入《濒危野生动植物种国际贸易公约》（CITES）附录Ⅰ。

生活习性　栖息于草地、芦苇及河岸沼泽地等。成对或结小群，迁徙时集大群，性情机警。

■ 灰 鹤

灰鹤（学名：*Grus grus*）属于迁徙性鸟，春秋时节，偶见集群在空中列队飞翔。全身羽毛大都灰色，头顶裸出皮肤呈红色，眼后至颈侧有一灰白色纵带，脚黑色。

分布范围 在中国其繁殖地主要在北方，见于新疆、内蒙古、黑龙江、青海、甘肃、宁夏；迁徙时经过河北、内蒙古、黑龙江、吉林、辽宁、山东、河南、陕西等省区。

种群现状 该物种分布范围广，不接近物种生存的脆弱濒危临界值标准，种群数量趋势稳定，因此被评价为无生存危机的物种。

保护级别 列入《世界自然保护联盟（IUCN）濒危物种红色名录》ver 3.1（2012）——无危（LC）。列入《国家重点保护野生动物名录》二级。

生活习性 灰鹤多组成小群活动，迁徙期间有时集群。在越冬地集群个体有时多达数百只。性情机警，胆小怕人。

蓑羽鹤

蓑羽鹤（学名：*Anthropoides virgo*）是鹤类中个体最小的一种。在向海曾有过记录，目前已经寻觅不到其踪迹。它通体蓝灰色，眼先、头侧、喉和前颈黑色，眼后有一白色耳簇羽极为醒目。前颈黑色羽较长，悬垂于胸部。脚黑色。

分布范围 在中国主要分布于新疆、宁夏、内蒙古、黑龙江、吉林等地；迁徙地见于河北、青海、河南、山西等省；越冬地在西藏南部。

种群现状 蓑羽鹤在中国的种群数量较少，属非常珍稀的鸟。

保护级别 列入《世界自然保护联盟（IUCN）濒危物种红色名录》ver 3.1（2012）——无危（LC）。列入《国家重点保护野生动物名录》二级。

生活习性 除繁殖期间成对活动外，多为家族或小群活动，有时也单只活动。经常活动在水边浅水处或水域附近地势较高的草甸上。性胆小而机警，善奔走，不愿与其他鹤合群。

黑水鸡

　　黑水鸡（学名：*Gallinula chloropus*）共有12个亚种，是向海常见的一种水鸟，在芦苇或水草丛中筑巢、繁殖。嘴的长度适中，鼻孔狭长，头顶红色额甲，色彩鲜艳，十分醒目。

分布范围　在中国繁殖于新疆西部、华东、华南、西南、海南、西藏东南的大部地区。在北纬23°以南越冬。为较常见的留鸟和夏候鸟。

种群现状　该物种分布范围广，较常见，不接近物种生存的脆弱濒危临界值标准，种群数量趋势稳定，因此被评价为无生存危机的物种。

保护级别　列入《世界自然保护联盟（IUCN）濒危物种红色名录》ver 3.1（2012）——无危（LC）。列入《国家保护的有益的或者有重要经济、科学研究价值的陆生野生动物名录》。

生活习性　中国长江以北主要为夏候鸟，长江以南多为留鸟。于4月中下旬迁到北方繁殖地，于10月初开始迁离繁殖地。常成对或小群活动。善于游泳和潜水。

白骨顶鸡

白骨顶鸡（学名：*Fulica atra*）是向海一种常见的水禽，在湿地内筑巢繁殖，不惧怕人。它属鹤形目秧鸡科。嘴的长度适中，高而侧扁。头顶白色额甲，端部钝圆。体羽全黑或暗灰黑色，多数尾下覆羽有白色，雌雄相似。

分布范围　在中国广泛分布于东北、河北北部、内蒙古、青海、新疆、西藏等地，迁徙到黄河或长江以南越冬，在云南石屏和海南为留鸟。

种群现状　该物种分布范围广，数量较多，是中国较常见的水鸟。

保护级别　列入《世界自然保护联盟（IUCN）濒危物种红色名录》ver 3.1（2013）——无危（LC）。

生活习性　在中国北部为夏候鸟，长江以南为冬候鸟。每年3月下旬即开始迁到东北繁殖地。常成群活动于部分融化的冰面上，秋季迁离繁殖地。

■ 小田鸡

　　小田鸡（学名：*Porzana pusilla*）是一种小型涉禽，共有7个亚种。目前，在向海核心区有分布，但比较少见。雄鸟的头顶及上体为红褐色，有黑白色纵纹，胸和脸为灰色。雌鸟体色较暗，耳羽为褐色。

分布范围　在中国主要繁殖于黑龙江、吉林、辽宁、内蒙古东北部、河北、河南、陕西南部、新疆西部；迁徙时经过青海、甘肃、湖北、湖南、江西、浙江、福建、广东、广西、云南；部分越冬于云南和广东。

种群现状　该物种分布范围广，不接近物种生存的脆弱濒危临界值标准，种群数量趋势稳定。

保护级别　列入《世界自然保护联盟（IUCN）濒危物种红色名录》ver 3.1（2012）——无危（LC）。

生活习性　在中国东北地区和内蒙古为夏候鸟，每年4月中上旬迁来，9~10月南迁，停留期约5个月。

大鸨 ∎

大鸨（学名：*Otis tarda*）是一种十分珍稀的鸟，目前在向海已经很难看到其踪迹。据当地的老年人介绍，20世纪六七十年代，在沙丘、草原时常可以看到它们三五成群地觅食，但人很难靠近。大鸨是鹤形目鸨科的大型地栖鸟。雄鸟在喉部两侧有刚毛状的须状羽，其上身有少量的羽瓣。头、颈及前胸灰色，其余下体栗棕色，密布宽阔的黑色横斑，颏下有细长向两侧伸出的须状纤羽。

分布范围　在中国分布两个亚种，普通亚种繁殖于黑龙江的齐齐哈尔，吉林的通榆、镇赉，辽宁西北部，以及内蒙古等地；越冬于辽宁、河北、山西、河南、山东、陕西、江西、湖北等省。

种群现状　大鸨虽然分布很广，但在世界范围内的种群数量都普遍处于下降趋势。大鸨在中国的种群数量曾经非常多，经常可见到数十只的大群，但现在已经很稀少了。

保护级别　列入《世界自然保护联盟（IUCN）濒危物种红色名录》ver 3.1（2012）——低危（LC）。列入《濒危野生动植物种国际贸易公约》（CITES）附录Ⅱ。列入《国家重点保护野生动物名录》一级。列入《中国濒危动物红皮书·鸟类》稀有物种。

生活习性　大鸨十分耐寒、性情机警，人很难靠近。非迁徙时，它的飞行高度不超过200米。在同一种群中，雌群和雄群会相隔一定的距离。

Charadriiformes

鸻形目

鸟纲中的一个目。包括鸻鹬类、鸥类和海雀类3个大类群，这3个类群有时也被分成3个独立的目。鸻形目有16~17科，分布范围遍及世界各地的水域，从两极到热带都有其代表，其中有不少种类有极强的飞翔能力，可以飞很远的距离，中国有9~10科。鸻鹬类以中小型涉禽为主，是涉禽中最大的一类，是世界各地湿地的重要组成部分，具有很重要的生态意义。

■ 灰头麦鸡

灰头麦鸡（学名：*Vanellus cinereus*）是一种比较活跃的鸟，在向海的湿地或草原上经常可以看到。夏羽上体棕褐色，头颈部灰色，眼周及眼先黄色。两翼翼尖黑色，内侧飞羽白色。尾白色，有黑色次端斑。喉及上胸部灰色，胸部具黑褐色宽带，下腹及腹部白色。

分布范围　主要分布在中国、孟加拉国、柬埔寨、印度、日本、朝鲜、缅甸、尼泊尔、菲律宾、泰国、越南等地。

种群现状　该物种分布范围广，不接近物种生存的脆弱濒危临界值标准，被评价为无生存危机的物种。

保护级别　列入《世界自然保护联盟（IUCN）鸟类红色名录》ver 3.1（2009）——无危（LC）。

生活习性　多成双或结小群活动于开阔的沼泽、水田、耕地、草地、河畔或山中池塘畔，迁徙时常集成数十只至数百只的大群。

凤头麦鸡

凤头麦鸡（学名：*Vanellus vanellus*）是向海常见的一种水鸟，种群数量较大，属于中型涉禽，头顶有细长且向前弯的黑色冠羽，随风飘动像突出于头顶的角，十分醒目。鼻孔线形，位于鼻沟里。飞翔时翅膀呈圆形。

分布范围 在中国主要分布于北京、天津、山西、内蒙古、辽宁、吉林、黑龙江、山东、河南、陕西、甘肃、青海、宁夏、新疆等地。

种群现状 该物种分布范围广，不接近物种生存的脆弱濒危临界值标准，被评价为无生存危机的物种。

保护级别 列入《世界自然保护联盟（IUCN）鸟类红色名录》ver 3.1（2012）——无危（LC）。列入《国家重点保护野生动物名录》二级。

生活习性 在中国北方为夏候鸟，南方为冬候鸟，河北以南、长江以北为旅鸟。春季迁到东北繁殖地，秋季迁离繁殖地。常成群活动特别是冬季，常集成数十只或数百只的大群。

■ 环颈鸻

　　环颈鸻（学名：*Charadrius alexandrinus*）是小型涉禽。在向海的湿地或浅水边经常可以看到。善于在沙地上奔跑。它的羽毛为灰褐色，随着季节和年龄而变化。

分布范围　主要分布在中国、阿富汗、阿尔巴尼亚、阿尔及利亚、安圭拉、安提瓜和巴布达、亚美尼亚、阿鲁巴、奥地利、阿塞拜疆、巴哈马、巴林、柬埔寨、喀麦隆、加拿大、开曼群岛、佛得角、乍得、智利、哥伦比亚等国家和地区。

种群现状　该物种分布范围广，不接近物种生存的脆弱濒危临界值标准，被评价为无生存危机的物种。

保护级别　列入《世界自然保护联盟（IUCN）濒危物种红色名录》ver 3.1（2012）——无危（LC）。列入《国家保护的有益的或者有重要经济、科学研究价值的陆生野生动物名录》。

生活习性　环颈鸻筑巢在湿地中较高的沙地之上，繁殖期间感觉到危险时为了保护巢中的卵或雏鸟，常常装出受伤的样子，在地面上做出挣扎的姿态，引诱捕食者远远离巢。

东方鸻

东方鸻（学名：*Charadrius veredus*）在向海湿地、湖泊的水边时常可以看到这种小型涉禽。春夏之交的繁殖季，常筑巢在距岸边不远且较高的沙地之上。它的前额、眉纹和头的两侧是白色，头顶、背部褐色或沙褐色。颏、喉为白色。嘴黑色且细长。

分布范围 在中国内蒙古（呼伦诺尔、呼伦湖、赤峰、查干诺尔、达茂旗、乌梁素海、黄河以北、鄂尔多斯、阿拉善）、辽宁、吉林、黑龙江（繁殖鸟）以及华北和华东各省。

种群现状 该物种分布范围广，不接近物种生存的脆弱濒危临界值标准，种群数量趋势稳定。

保护级别 列入《世界自然保护联盟（IUCN）濒危物种红色名录》ver 3.1（2016）——无危（LC）。

生活习性 迁徙时经过中国东部。在内蒙古东部和辽宁荒瘠无树的草原及沙漠中的泥石滩繁殖。常单独或成小群活动，迁徙和冬季期间也集成大群。

金斑鸻

金斑鸻（学名：*Pluvialis fulva*）是一种中型涉禽水鸟，在向海并不多见。身披金色羽毛，但夏季时全身羽毛呈黑色，背上有金黄色斑纹。

分布范围　在中国西藏南部、贵州、四川、云南、广西、广东、福建、海南越冬。迁徙期间见于新疆、青海、甘肃、内蒙古、黑龙江、吉林、辽宁、河北、河南、山东、陕西、长江流域和东南沿海各省。

种群现状　金斑鸻的种群数量较多，雌雄共同孵卵。繁殖期为5~7月，在沼泽地中干燥地面上营巢。迁徙时途经中国全境。

保护级别　列入《国家保护的有益的或者有重要经济、科学研究价值的陆生野生动物名录》。

生活习性　栖息于沿海海滨、湖泊、河流、水塘岸边及其附近沼泽、草地、农田和耕地上。常单独或成小群活动。性羞怯而胆小，遇到危险立刻起飞，边飞边叫，飞行快速，活动时常不断地站立和抬头观望。

金眶鸻

　　金眶鸻（学名：*Charadrius dubius*）生活在向海的湿地。它长着一对金眼圈，非常小巧可爱，不惧怕人。它的上体沙褐色，下体白色。有明显的白色领圈，其下有明显的黑色领圈，眼后白斑向后延伸至头顶相连。

分布范围　在中国主要分布于北京、天津、河北、山西、内蒙古、辽宁、吉林、黑龙江、河南等地。

种群现状　该物种分布范围广，不接近物种生存的脆弱濒危临界值标准，被评价为无生存危机的物种。

保护级别　列入《世界自然保护联盟（IUCN）濒危物种红色名录》ver 3.1（2012）——无危（LC）。列入《国家重点保护野生动物名录》二级。

生活习性　春季初迁徙到中国东北繁殖地，秋季初离开东北繁殖地往南迁徙。常单只或成对活动，偶尔也集成小群。

■ 蛎鹬

　　蛎鹬（学名：*Haematopus ostralegus*）在向海自然保护区是一种并不多见的鸟。体羽以纯黑色或黑、白两色为主，形体浑圆，脚短粗。嘴形特别，通常是红色或橘红色。鼻孔线状，鼻沟长度达上嘴一半。脚为粉红色。

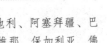

分布范围　分布在中国、阿富汗、阿尔巴尼亚、阿尔及利亚、奥地利、阿塞拜疆、巴林、孟加拉国、白俄罗斯、比利时、波斯尼亚和黑塞哥维那、保加利亚、佛得角、科特迪瓦、克罗地亚、塞浦路斯、捷克等国家和地区。

种群现状　该物种分布范围广，不接近物种生存的脆弱濒危临界值标准，种群数量趋势稳定。

保护级别　列入《国家保护的有益的或者有重要经济、科学研究价值的陆生野生动物名录》。列入《世界自然保护联盟（IUCN）濒危物种红色名录》ver 3.1（2019）——近危（NT）。

生活习性　蛎鹬大多单个活动，有时结成小群在海滩上觅食。主要以甲壳类、软体动物、昆虫等为食。

尖尾滨鹬

尖尾滨鹬（学名：*Calidris acuminata*）生活在向海自然保护区，种群数量稀少，湿地中不多见。它的眉纹白色。繁殖期头顶泛栗色。上体黑褐色，羽缘染栗色、黄褐色或浅棕白色。

分布范围　在中国主要分布于北京、天津、河北、山西、内蒙古、辽宁、吉林、黑龙江等地。

种群现状　该物种分布范围广，不接近物种生存的脆弱濒危临界值标准，被评价为无生存危机的物种。

保护级别　列入《世界自然保护联盟（IUCN）濒危物种红色名录》ver 3.1（2013）——无危（LC）。列入《国家保护的有益的或者有重要经济、科学研究价值的陆生野生动物名录》。

生活习性　在中国，尖尾滨鹬主要为旅鸟，部分为冬候鸟。常单独或成小群活动。在食物丰富的觅食地，常与其他鹬混群活动和觅食。

■ 林鹬

　　林鹬（学名：*Tringa glareola*）是一种常见的水鸟。生活在向海自然保护区核心区的湿地中。它的形体略小，纤细，性情活泼，飞翔时发出悦耳的叫声。上体灰褐色且有斑点，眉纹长，白色。尾部白色并有褐色横斑。

分布范围　在中国繁殖于内蒙古东北部、黑龙江、吉林、辽宁、河北北部、新疆西部；迁徙时经过辽宁、河北、内蒙古、宁夏、甘肃、青海、新疆、西藏、云南、贵州、四川和长江流域。

种群现状　该物种分布范围广，不接近物种生存的脆弱濒危临界值标准，被评价为无生存危机的物种。

保护级别　列入《世界自然保护联盟（IUCN）濒危物种红色名录》ver 3.1（2013）——无危（LC）。列入《国家保护的有益的或者有重要经济、科学研究价值的陆生野生动物名录》。

生活习性　在中国主要为旅鸟。部分在东北和新疆为夏候鸟，在广东、海南为冬候鸟。3月末飞到长白山繁殖地，秋天从东北往南方迁徙。

流苏鹬

流苏鹬（学名：*Philomachus pugnax*）是一种比较珍稀的鸟，在向海自然保护区偶尔可以看到。它的形体较大，雌雄异形。繁殖期雄鸟的头和颈有丰富的饰羽，个体间的颜色差异很大。尾侧有白色覆羽，且较长，几乎抵尾尖。面部裸露，或布满细疣状物。雌鸟形体小，面部无裸区，头和颈部没有饰羽。在繁殖期是非常容易分辨性别的流苏鹬。

分布范围　分布于中国、阿富汗、阿尔巴尼亚、阿尔及利亚、安哥拉、亚美尼亚、奥地利、阿塞拜疆、巴林、孟加拉国、白俄罗斯、保加利亚、布基纳法索、布隆迪、柬埔寨、喀麦隆、佛得角、乍得等国家和地区。

种群现状　该物种分布范围广，不接近物种生存的脆弱濒危临界值标准，种群数量趋势稳定。

保护级别　列入《世界自然保护联盟（IUCN）濒危物种红色名录》ver 3.1（2012）——无危（LC）。

生活习性　流苏鹬喜欢集群，除繁殖期外，常成群活动和栖息。有时与其他涉禽混合成较大的群。

■ 矶鹬

　　矶鹬（学名：*Actitis hypoleucos*）为小型鹬类，嘴、脚均较短，嘴暗褐色，脚淡黄褐色，有白色眉纹和黑色过眼纹。在向海的沼泽和湿地中比较常见。它的上体黑褐色，下体白色，飞翔时明显可见尾两边的白色横斑和翼上宽阔的白色翼带。

分布范围　在中国繁殖于西北及东北地区，在南部沿海、河流及湿地越冬，迁徙时大部分地区可见。

种群现状　该物种分布范围广，数量较多。不接近物种生存的脆弱濒危临界值标准。

保护级别　列入《世界自然保护联盟（IUCN）濒危物种红色名录》ver 3.1（2012）——无危（LC）。列入《国家保护的有益的或者有重要经济、科学研究价值的陆生野生动物名录》。

生活习性　常单独或成对活动，非繁殖期结成小群。常活动在多沙石的浅水河滩和水中沙滩或江心小岛上，停息时多栖于水边岩石、河中石头上。

红脚鹬

红脚鹬（学名：*Tringa totanus*）是一种性情活泼的小型水鸟，在向海的湿地中较常见。上体褐灰，下体白色，胸有褐色纵纹。嘴长直而尖，基部橙红色，尖端黑褐色。橙红色的脚细长，繁殖期变为暗红色。

分布范围　分布于中国、阿富汗、阿尔巴尼亚、澳大利亚、奥地利、阿塞拜疆、巴林、孟加拉国、白俄罗斯、比利时、博茨瓦纳、文莱、保加利亚、布隆迪、柬埔寨、喀麦隆、佛得角、乍得等国家和地区。

种群现状　该物种分布范围广，不接近物种生存的脆弱濒危临界值标准。

保护级别　列入《世界自然保护联盟（IUCN）濒危物种红色名录》ver 3.1（2012）——无危（LC）。

生活习性　非繁殖期主要在沿海沙滩和附近盐碱沼泽地带活动。少量在内陆湖泊、河流及湿草地上活动和觅食。常单独或成小群活动。

红腹滨鹬

红腹滨鹬（学名：*Calidris canutus*）是一种小型涉禽。种群数量稀少，在向海沼泽、湿地中比较少见。嘴较短而直、黑色，脚亦甚短、绿色。夏季上体灰褐色具黑色中央纹，背和羽缘具棕栗色和白色斑纹，头侧和整个下体栗红色。冬季棕红色消失，上体灰色，头部有细窄的黑色纵纹，背部有细的黑色羽干纹和白色羽缘。

分布范围　在中国见于辽宁、河北、山东、江苏、福建、广东、海南等地，部分在广东沿海、海南、福建越冬。

种群现状　由于栖息地的丧失导致种群大幅度下降，被评为近危物种。

保护级别　列入《世界自然保护联盟（IUCN）濒危物种红色名录》ver 3.1（2015）——近危（NT）。列入《国家保护的有益的或者有重要经济、科学研究价值的陆生野生动物名录》。

生活习性　红腹滨鹬常单独或成小群活动，冬季亦常集成大群觅食。性胆小，常在水边浅水处或海边潮涧地带泥地上边走边觅食。

黑腹滨鹬

　　黑腹滨鹬（学名：*Calidris alpina*）在向海数量稀少，比较少见。在我国主要为旅鸟和冬候鸟，秋季迁来的时间为9月至10月。

分布范围　分布在欧亚大陆北部、欧洲西部海岸、北非和东非，以及亚洲南部、印度尼西亚、日本、墨西哥湾和中国长江中下游、东南沿海等地。在中国迁徙时见于东北、西北及东南地区。

种群现状　繁殖期为5月至8月。雌雄成对营巢于苔原沼泽和湖泊岸边苔藓地上和草丛中。

保护级别　列入《世界自然保护联盟（IUCN）濒危物种红色名录》ver 3.1（2012）——无危（LC）。列入《国家保护的有益的或者有重要经济、科学研究价值的陆生野生动物名录》。

生活习性　黑腹滨鹬常成群活动于水边沙滩、泥地或水边浅水处。性情活跃、善奔跑，常沿水边跑跑停停，飞行速度极快。

鹤鹬

鹤鹬（学名：*Tringa erythropus*）为小型涉禽，是向海常见的一种水鸟。经常结成小群在湿地的水边活动。夏季通体黑色，眼圈白色，在黑色的头部极为醒目。嘴细长、直而尖，下嘴基部红色。脚细长、暗红色。冬季背灰褐色，腹白色，胸侧和两胁具灰褐色横斑。眉纹白色，脚鲜红色。

分布范围 在中国仅见繁殖于新疆；迁经黑龙江、吉林、辽宁，西达甘肃，往南经长江流域、西藏南部、东南沿海和海南；部分越冬于贵州、广西、广东、海南、福建等地。

种群现状 分布范围广，不接近物种生存的脆弱濒危临界值标准，种群数量趋势稳定。

保护级别 列入《世界自然保护联盟（IUCN）濒危物种红色名录》ver 3.1（2012）——无危（LC）。列入《国家保护的有益的或者有重要经济、科学研究价值的陆生野生动物名录》。

生活习性 多在水边沙滩、泥地、浅水处和海边潮涧地带边走边啄食。主要以甲壳类、软体动物、蠕形动物、水生昆虫和昆虫幼虫为食。

翻石鹬 ■

　　翻石鹬（学名：*Arenaria interpres*）在向海不常见。每年春夏之季，在水泡边偶有出现。繁殖季时体色非常醒目，由栗色、白色和黑色交杂而成，嘴短、黑色，脚橙红色。冬天，身上的栗红色会消失，而换上单调的深褐色羽毛。

分布范围　分布在中国、阿富汗、阿尔巴尼亚、阿尔及利亚、安哥拉、安圭拉、安提瓜和巴布达、阿根廷、亚美尼亚、巴哈马、巴林、孟加拉国、巴巴多斯等国家和地区。

种群现状　全球数量估计为46万至73万只。在我国为旅鸟和冬候鸟，约有50万只越冬。

保护级别　列入《世界自然保护联盟（IUCN）濒危物种红色名录》ver 3.1（2016）——无危（LC）。列入中国《国家重点保护野生动物名录》（2021年2月5日），二级。

生活习性　在中国，迁徙时常集成松散的大群。主要啄食甲壳类、软体动物、蜘蛛、蚯蚓、昆虫和昆虫幼虫，也吃部分禾本科植物种子和浆果。

■ 大杓鹬

大杓鹬（学名：*Numenius madagasciensis*）形体硕大，在草原或沼泽中十分醒目。在向海湿地、草原上比较少见。它的嘴甚长而下弯。与白腰杓鹬相比，毛色深而褐色重，下背及尾褐色，下体羽毛为黄色。

分布范围　在中国繁殖于黑龙江、吉林、辽宁，一直到河北和内蒙古东部，迁徙期间见于辽宁、河北、山东、甘肃、广东。

种群现状　该物种在全球范围内被列为易危，因为它正在经历一个快速的数量下降的过程，是由栖息地丧失和退化所带来的影响。

保护级别　列入《世界自然保护联盟（IUCN）濒危物种红色名录》ver 3.1（2013）——易危（VU）。列入《国家保护的有益的或者有重要经济、科学研究价值的陆生野生动物名录》。

生活习性　栖息于低山丘陵和平原地带的河流、湖泊、芦苇沼泽、水塘，以及附近的湿草地和水稻田边，有时也出现于林中小溪边及附近开阔湿地。常单独或成松散的小群活动和觅食。

长趾滨鹬

长趾滨鹬（学名：*Calidris subminuta*）是向海一种常见的水鸟，喜欢结成小群在开阔的水边快速走动、觅食。它的嘴较细短、黑色。脚黄绿色，趾较长。有显著的白色眉纹。夏季上体棕褐色，前额、头顶至后颈为棕色，有黑褐色细纵纹。

分布范围　迁徙期间在中国黑龙江、吉林、辽宁、河北、内蒙古、甘肃、青海、黄河和长江流域、云南、四川、广东、福建、海南。部分留居广东和海南等地越冬。

种群现状　受到的威胁程度不能确定，因而其数量变化趋势难以确定。

保护级别　列入《世界自然保护联盟（IUCN）濒危物种红色名录》ver 3.1（2016）——无危（LC）。列入《国家保护的有益的或者有重要经济、科学研究价值的陆生野生动物名录》。

生活习性　常单独或小群活动，喜欢在富有岸边植物的水边泥地和沙滩以及浅水处活动和觅食。

半蹼鹬

　　半蹼鹬（学名：*Limnodromus semipalmatus*）是一种非常珍稀的鸟。在向海自然保护区的核心区内每年春天的迁徙时偶尔可见。它的形体粗壮，繁殖时下体淡红色，腰和后背为白色。在泥滩和沙洲上结群，呈密集队形飞行，降落后稍停片刻才散开觅食。

分布范围　在中国繁殖于内蒙古东北部和黑龙江，迁徙期间经过吉林、河北、长江中下游，一直到福建、广东。

种群现状　野外数量稀少，因此需要严格保护。

保护级别　列入《世界自然保护联盟（IUCN）濒危物种红色名录》ver 3.1（2012）——近危（NT）。列入《国家保护的有益的或者有重要经济、科学研究价值的陆生野生动物名录》。《中国濒危动物红皮书·鸟类》中列为稀有物种。

生活习性　主要栖息于湖泊、河流及沿海岸边草地和沼泽地上。冬季主要在海岸潮涧地带和河口沙洲。常单独或成小群活动。性胆小而机警。

斑尾塍鹬 ■

斑尾塍鹬（学名：*Limosa lapponica*）是向海一种常见的水鸟，别名斑尾鹬，在水泡边的浅滩，常有小群活动觅食。形体中等，繁殖期羽多有棕栗色。嘴较长，尖端略微向上翘。

分布范围　在中国主要分布于天津、河北、内蒙古、辽宁、黑龙江、上海、江苏、浙江、山东、青海、新疆等地。

种群现状　该物种分布范围广，不接近物种生存的脆弱濒危临界值标准，被评价为无生存危机的物种。

保护级别　列入《世界自然保护联盟（IUCN）濒危物种红色名录》ver 3.1（2012）——无危（LC）。

生活习性　多栖息在湿地、稻田与海滩。主要以甲壳类、蠕虫、昆虫、植物种子为食。与中杓鹬混群，保持着鸟类不间断飞行距离的世界纪录。

■ 白腰草鹬

白腰草鹬（学名：*Tringa ochropus*）是一种黑白两色的内陆水边鸟。向海湿地中比较少见。夏季上体黑褐色有白色斑点。腰和尾白色。下体白色，眉纹白色仅限于眼先，与白色眼周相连，在暗色的头上极为醒目。飞翔时翅上、翅下均为黑色，腰和腹部为白色。

分布范围 在中国繁殖于黑龙江、吉林、辽宁和新疆西部，越冬于西藏南部、云南、贵州、四川和长江流域以南的广大地区。

种群现状 该物种分布范围广，不接近物种生存的脆弱濒危临界值标准，种群数量趋势稳定。

保护级别 列入《世界自然保护联盟（IUCN）濒危物种红色名录》ver 3.1（2012）——无危（LC）。

生活习性 在我国东北为夏候鸟，其他地区为旅鸟和冬候鸟。春季于4月初迁到东北繁殖地，秋季于9月离开繁殖地往南迁徙。

白腰杓鹬 ■

白腰杓鹬（学名：*Numenius arquata*）时常在向海的大片湿地中低空飞过。它的上体为淡褐色。头、颈、上背具黑褐色羽轴纵纹。颈与前胸淡褐色，具细的褐色纵纹。下背、腰及尾上覆羽白色。下腹及尾下覆羽白色。

分布范围 在中国，分布于内蒙古（繁殖鸟）；在西藏南部、长江下游、福建、广东、海南越冬。

种群现状 白腰杓鹬数量稀少，仅存的几个重点群落中鸟的数量也在快速下降，应注意保护。

保护级别 列入《世界自然保护联盟（IUCN）濒危物种红色名录》ver 3.1（2017）——近危（NT）。列入《国家保护的有益的或者有重要经济、科学研究价值的陆生野生动物名录》。列入《国家重点保护野生动物名录》二级。

生活习性 在中国内蒙古东北部、黑龙江、吉林为夏候鸟。越冬于长江中下游和东南沿海各省。常成小群活动。性情机警，活动时步履缓慢、稳重。

113

■ 中杓鹬

中杓鹬（学名：*Numenius phaeopus*）是一种水鸟，在向海的草原或湿地里时常可以看到，性情十分机警，人靠近即飞走。它的眉纹色浅，有黑色顶纹，嘴黑褐色，长而向下弯。脚蓝灰色或青灰色。

分布范围　在中国主要分布于黑龙江、吉林、辽宁、河北、山东、四川、西藏、广东、福建、海南等地。

种群现状　该物种分布范围广，不接近物种生存的脆弱濒危临界值标准。

保护级别　列入《世界自然保护联盟（IUCN）濒危物种红色名录》ver 3.1（2012）——无危（LC）。列入《国家保护的有益的或者有重要经济、科学研究价值的陆生野生动物名录》。

生活习性　常单独或成小群活动和觅食，但在迁徙时和在栖息地则集成大群。行走时步履轻盈，步伐大而缓慢，也常在树上栖息。

泽鹬

泽鹬（学名：*Tringa stagnatilis*）是向海常见的一种水鸟，多在湿地或浅水中活动、觅食。它的上体呈灰褐色，腰及下背为白色，尾羽上有黑褐色横斑。下体白色。嘴长，相当纤细，直而尖，颜色为黑色，基部灰绿色。脚细长，暗灰绿色或黄绿色。

分布范围 在中国分布于内蒙古东北部、黑龙江和吉林，迁徙时经过辽宁、河北、山东、江苏，西至甘肃、新疆，往南经福建、广东、海南。

种群现状 主要栖息于河流岸边河滩或沼泽草地，以小型脊椎动物为食。在我国为旅鸟，部分为夏候鸟和冬候鸟。

保护级别 列入《世界自然保护联盟（IUCN）濒危物种红色名录》ver 3.1（2012）——无危（LC）。列入《国家保护的有益的或者有重要经济、科学研究价值的陆生野生动物名录》。

生活习性 常单独或成小群在水边沙滩、泥地和浅水处活动、觅食，也常进到较深的水中活动。

■ 小黄脚鹬

小黄脚鹬（学名：*Tringa flavipes*）的背呈灰褐色，嘴直，腿为明显黄色，常与其他鹬类混群活动和觅食。

分布范围 在中国多见于东部沿海地区。

种群现状 在中国为罕见的迷鸟或旅鸟。

保护级别 列入《国家保护的有益的或者有重要经济、科学研究价值的陆生野生动物名录》。

生活习性 多在海边岩石、岩礁、海滨沙滩和泥地上活动、觅食。也常出入于河口沙洲、沙石河边和水边浅水处。性情胆怯，遇危险时常蹲伏隐蔽，一般很少起飞。飞行快而轻巧。善游泳。

弯嘴滨鹬

弯嘴滨鹬（学名：*Calidris ferruginea*）是一种小型鸟，数量稀少。每年春夏之交在向海自然保护区的小水塘边偶尔可以见到。它的体形略小，腰部白色明显，嘴长而下弯。上体大部灰色几无纵纹。下体白色，眉纹、翼上横纹及尾上覆羽的横斑均为白色。

分布范围　迁徙期间经过中国黑龙江、吉林、辽宁、河北、内蒙古、甘肃、青海、新疆。部分在广东、福建、海南越冬。

种群现状　该物种分布范围广，不接近物种生存的脆弱濒危临界值标准，种群数量趋势稳定。

保护级别　列入《国家保护的有益的或者有重要经济、科学研究价值的陆生野生动物名录》。

生活习性　弯嘴滨鹬常成群在水边沙滩、泥地和浅水处活动和觅食。飞行速度很快，常集成紧密的群飞行。

■ 扇尾沙锥

　　扇尾沙锥（学名：*Gallinago gallinago*）是一种小型涉禽，在向海的湿地中经常可以被看到。它胆小且机警，嘴粗长而直，上体黑褐色，头顶有乳黄色或黄白色冠纹。侧冠纹黑褐色，眉纹乳黄白色，贯眼纹黑褐色。背、肩有乳黄色羽缘，形成4条纵带。颈和上胸黄褐色，具黑褐色纵纹。

分布范围　在中国繁殖于新疆西部、黑龙江、吉林和内蒙古东北部；越冬于西藏南部、云南、贵州、四川和长江以南地区，偶尔有少数个体留在河北越冬。

种群现状　该物种分布范围广，不接近物种生存的脆弱濒危临界值标准，种群数量趋势稳定。

保护级别　列入《世界自然保护联盟（IUCN）濒危物种红色名录》ver 3.1（2016）——无危（LC）。

生活习性　常单独或成小群活动，主要以蚂蚁、金针虫、蠕虫、蚯蚓等软体动物为食。

三趾滨鹬

　　三趾滨鹬（学名：*Calidris alba*）是一种小型涉禽，在向海自然保护区并不多见。它的肩羽呈明显的黑色，飞行时翼上具白色宽纹。尾中央色暗，两侧白，无后趾。夏季时，它的上体为赤褐色。

分布范围　分布在中国、阿富汗、阿尔及利亚、安哥拉、安圭拉、安提瓜和巴布达、阿根廷、阿鲁巴、澳大利亚、白俄罗斯、比利时、伯利兹等国家和地区。

种群现状　该物种分布范围广，不接近物种生存的脆弱濒危临界值标准。

保护级别　列入《世界自然保护联盟（IUCN）濒危物种红色名录》ver 3.1（2013）——无危（LC）。

生活习性　在中国主要为旅鸟，部分为冬候鸟。秋季迁来和经过我国的时间为9月至10月。春季离开的时间为4月至5月。

■ 青脚鹬

青脚鹬（学名：*Tringa nebularia*）是向海一种常见的水鸟。它的上体为灰黑色，有黑色轴斑和白色羽缘。下体白色，前颈和胸部有黑色纵斑。嘴微上翘，腿长，为淡绿色。

分布范围 在中国为常见冬候鸟，迁徙时见于全国大部分地区，结大群在西藏东南部及长江以南大部分地区越冬。分布于北京、天津、河北、山西、内蒙古、辽宁、吉林、黑龙江等地区。

种群现状 该物种分布范围广，不接近物种生存的脆弱濒危临界值标准。

保护级别 列入《世界自然保护联盟（IUCN）濒危物种红色名录》ver 3.1（2012）——无危（LC）。列入《国家保护的有益的或者有重要经济、科学研究价值的陆生野生动物名录》。

生活习性 在中国主要为旅鸟和冬候鸟。喜欢在河口沙洲、沿海沙滩、平坦的泥泞地或潮涧地带活动、觅食。

黑尾塍鹬

黑尾塍鹬（学名：*Limosa limosa*）为中型涉禽，是向海常见的一种细高而鲜艳的鸟。嘴长而直，微向上翘，尖端较钝、黑色，基部肉色。夏季头、颈和上胸栗棕色，腹白色，胸和两胁有黑褐色横斑。头和后颈有细的黑褐色纵纹，背有黑色、红褐色和白色斑点。眉纹白色。

分布范围 在中国繁殖于新疆西部天山、内蒙古东北部和吉林省西部。迁徙期间出现于黑龙江、吉林、辽宁、河北、甘肃、青海、云南、海南等地。部分留在云南和海南越冬。

种群现状 该物种分布范围虽广，但数量不多。

保护级别 《中国濒危动物红皮书·鸟类》中列为未定种。列入《国家保护的有益的或者有重要经济、科学研究价值的陆生野生动物名录》。

生活习性 繁殖期和冬季主要栖息于沿海海滨、泥地平原、河口沙洲，以及附近的农田和沼泽地带，有时也到内陆淡水和盐水湖泊活动和觅食。冬季偶尔集成大群。

■ 反嘴鹬

　　反嘴鹬（学名：*Recurvirostra avosetta*）于每年夏季，在向海的湿地中繁殖。它长着一双大长腿，背部长着醒目的黑色和白色羽毛，腹部灰白色。觅食时常在沼泽中行走，嘴如镰刀一样向上弯曲，主要吃水里的昆虫、小鱼、贝类和两栖动物。

分布范围　在中国主要分布于新疆、青海、内蒙古、辽宁、吉林等地区，越冬于西藏南部、广东、福建等地。迁徙期间经过河北、山东、山西、陕西、江苏、湖南和四川等省。

种群现状　栖息于平原和半荒漠地区的湖泊、水塘和沼泽地带，有时也栖息于海边水塘和盐碱沼泽地。迁徙期间也常出现于水稻田和鱼塘。常成群繁殖。

保护级别　列入《世界自然保护联盟（IUCN）濒危物种红色名录》ver 3.1（2012）——无危（LC）。列入《国家保护的有益的或者有重要经济、科学研究价值的陆生野生动物名录》。

生活习性　经常活动在浅水处，步履缓慢而稳健，边走边啄食。常将嘴伸入水中或稀泥里面，左右扫动觅食。善游泳。

黑翅长脚鹬

黑翅长脚鹬（学名：*Himantopus himantopus*）是反嘴鹬科长脚鹬属的一种鸟，共有4个亚种。在向海比较常见，种群数量大。它的特征是嘴细长，两翼黑，一双长长的大红腿，体羽为白色，颈背有黑色斑块。幼鸟褐色较浓，头顶及颈背为灰色。

分布范围 在中国繁殖于新疆、青海、内蒙古、辽宁、吉林和黑龙江等地区，迁徙期间经过河北、山东、河南、山西、四川、云南、西藏、江苏、福建、广东。部分留在广东越冬。

种群现状 该物种分布范围广，不接近物种生存的脆弱濒危临界值标准，种群数量趋势稳定，因此被评价为无生存危机的物种。

保护级别 列入《世界自然保护联盟（IUCN）濒危物种红色名录》ver 3.1（2013）——无危（LC）。

生活习性 春季迁来中国北方繁殖地，秋季离开北方繁殖地往南迁徙。常成群迁徙。常单独、成对或成小群在浅水中或沼泽地上活动，非繁殖地也常集成较大的群。

■ 红颈瓣蹼鹬

红颈瓣蹼鹬（学名：*Phalaropus lobatus*）是一种小型水禽，在向海非常少见，只在水浅的泡子中偶尔可以看到。嘴细而尖，黑色。脚也为黑色，趾有瓣蹼。夏季雌鸟上体灰黑色，眼上有一小块白斑，前颈栗红色。颏、喉白色，胸侧和两胁灰色，其余下体白色，雄鸟与雌鸟相似。

分布范围 在中国主要为旅鸟，迁徙时经过新疆天山、西藏南部、青海湖、黑龙江齐齐哈尔，以及山东、江苏、福建、广东和海南。部分在广东、海南等地越冬。

种群现状 在中国是一种稀少的迁徙鸟，需要进行严格保护。

保护级别 列入《世界自然保护联盟（IUCN）濒危物种红色名录》ver 3.1（2016）——无危（LC）。列入《国家保护的有益的或者有重要经济、科学研究价值的陆生野生动物名录》。

生活习性 迁徙和越冬期间，常集成大群，善游泳。

Lariformes

鸥形目

世界有4科24属115种，中国有4科15属37种。多为海洋鸟，有些见于内陆江河湖泊。鸥形目鸟喜群居，在繁殖季节，常成千上万集结于僻静的江河、湖海的岛屿或荒滩上营巢育雏。嘴细而侧扁，翅尖长。尾短圆或长而呈叉状，脚短，前趾间有蹼，雄性没有交接器。

■ 银 鸥

银鸥（学名：*Larus argentatus*）是向海比较常见的一种水鸟。夏羽头、颈和下体纯白色，背与翼上银灰色。嘴黄色，下嘴尖端有红色斑点。冬羽头和颈有褐色细纵纹。

分布范围 繁殖于中国新疆和内蒙古东北部、黑龙江西北部；迁徙或越冬于黑龙江、吉林、辽宁、内蒙古、河北、宁夏、山东、长江流域，以及四川、广西、广东、福建等地。

种群现状 该物种分布范围非常广，不接近物种生存的脆弱濒危临界值标准，种群数量趋势稳定。

保护级别 列入《世界自然保护联盟（IUCN）濒危物种红色名录》ver 3.1（2012）——无危（LC）。列入《国家保护的有益的或者有重要经济、科学研究价值的陆生野生动物名录》。

生活习性 夏季栖息于苔原、荒漠和草地上的河流、湖泊、沼泽。冬季主要栖息于海岸及河口地区，迁徙期间也出现在大的内陆河流与湖泊。

红嘴巨鸥

　　红嘴巨鸥（学名：*Sterna caspia*）是一种珍稀的大型水鸟，在向海比较稀少，保护区的核心区偶尔可见。夏羽前额、头顶、枕和冠羽黑色。尾呈叉状。背、肩和翅上覆羽银灰色。眼先和眼及耳羽以下头侧白色。颏、喉和整个下体也为白色。冬羽和夏羽大致相似。

分布范围　在中国繁殖和留居于辽东半岛、河北、山东、江苏、福建、广东和海南。部分迁徙或越冬于新疆。

种群现状　该物种分布范围非常广，不接近物种生存的脆弱濒危临界值标准，种群数量趋势稳定。

保护级别　列入《世界自然保护联盟（IUCN）濒危物种红色名录》ver 3.1（2012）——无危（LC）。列入《国家保护的有益的或者有重要经济、科学研究价值的陆生野生动物名录》。

生活习性　常单独或成小群活动。频繁地在水面低空飞翔。飞行敏捷而有力，两翅扇动缓慢。

■ 白翅浮鸥

　　白翅浮鸥（学名：*Chlidonias leucopterus*）经常在向海的湿地来回低空飞翔觅食。由于头和颈、上背均为绒黑色，肩部和腰转为黑灰色，两翅的复羽与翼缘呈白色，所以又称它为白翅黑海燕。

分布范围　在中国主要繁殖于黑龙江、吉林、辽宁、内蒙古东北部、河北北部。越冬和迁徙时途经新疆、河北、陕西、山西、山东、湖南、浙江、江西、福建、广东、海南和澎湖列岛。

种群现状　该物种分布范围广，不接近物种生存的脆弱濒危临界值标准，种群数量趋势稳定。

保护级别　列入《世界自然保护联盟（IUCN）濒危物种红色名录》ver 3.1（2012）——无危（LC）。列入《国家保护的有益的或者有重要经济、科学研究价值的陆生野生动物名录》。

生活习性　多在水面低空飞行，往往能通过频频鼓动两翼使身体停浮于空中观察，发现食物即刻冲下捕食。

白额燕鸥

　　白额燕鸥（学名：*Sterna albifrons*）是比较稀少的一种燕鸥，在向海不常见。它的夏羽头顶、颈背及贯眼纹黑色，额白色。

分布范围　分布在中国、阿富汗、阿尔巴尼亚、阿尔及利亚、亚美尼亚、澳大利亚、奥地利、阿塞拜疆、巴林、文莱、保加利亚、布隆迪、柬埔寨、喀麦隆等国家和地区。

种群现状　为我国常见的夏季繁殖鸟。从东北至西南及华南沿海以及内陆沿海的大部分地区均有繁殖。

保护级别　列入《世界自然保护联盟（IUCN）濒危物种红色名录》ver 3.1（2012）——无危（LC）。列入《国家保护的有益的或者有重要经济、科学研究价值的陆生野生动物名录》。

生活习性　在中国台湾为留鸟，在大陆为夏候鸟。栖息于海岸、河口、沼泽。常集群活动，以鱼虾、水生昆虫为主食。

■ 黑尾鸥

　　黑尾鸥（学名：*Larus crassirostris*）是一种水鸟，在向海不常见，数量比较稀少。夏羽两性相似。头、颈、腰和尾上覆羽及整个下体为白色。冬羽和夏羽相似，但头顶至后颈有灰褐色斑。

分布范围　在中国繁殖于吉林东部、辽宁南部，山东和福建沿海一带；越冬或旅经辽宁、河北、山西、广东。在国外繁殖于萨哈林岛、俄罗斯远东海岸、日本和朝鲜。

种群现状　该物种分布范围非常广，不接近物种生存的脆弱濒危临界值标准。

保护级别　列入《世界自然保护联盟（IUCN）濒危物种红色名录》ver 3.1（2012）——无危（LC）。列入《国家保护的有益的或者有重要经济、科学研究价值的陆生野生动物名录》。

生活习性　常群集于沿海渔场活动和觅食，有时也到河口、江河下游和附近水库与沼泽地带。

黑嘴鸥

黑嘴鸥（学名：*Larus saundersi*）是非常珍稀的一种鸟，在向海有分布，但并不常见。近年来，随着生态环境的好转，在水滩偶尔可以看到。嘴黑色，脚红色。夏羽头黑色，眼上和眼下有白色星月形斑，在黑色的头上极为醒目。

分布范围　在中国主要分布于辽宁南部盘锦、河北、山东渤海湾沿岸以及江苏东台沿海等东部沿海地区（繁殖地），越冬于长江下游、福建、广东、澳门和海南，迁徙期间经过吉林省。

种群现状　黑嘴鸥分布区域狭窄，数量较少。

保护级别　列入《保护迁徙野生动物物种公约》（CMS）附录Ⅰ。列入《世界自然保护联盟（IUCN）濒危物种红色名录》ver 3.1（2012）——易危（VU）。列入《国家保护的有益的或者有重要经济、科学研究价值的陆生野生动物名录》。列入《国家重点保护野生动物名录》一级。

生活习性　常结成小群在开阔的海边盐碱地和沼泽地上活动，特别喜欢在有矮小盐碱植物的泥质滩涂活动。有时出现在内陆湖泊。

红嘴鸥

　　红嘴鸥（学名：*Larus ridibundus*）俗称水鸽子，在向海分布的种群数量很大，比较常见。嘴和脚皆呈红色，身体大部分的羽毛是白色，尾羽黑色。

分布范围　在中国繁殖于西北部的天山西部地区及东北部的湿地。在中国东部及北纬32°以南所有湖泊、河流及沿海地带越冬。

种群现状　该物种分布范围广，不接近物种生存的脆弱濒危临界值标准，被评价为无生存危机的物种。

保护级别　列入《世界自然保护联盟（IUCN）濒危物种红色名录》ver 3.1（2012）——无危（LC）。列入《国家保护的有益的或者有重要经济、科学研究价值的陆生野生动物名录》。

生活习性　在中国主要为冬候鸟，部分为夏候鸟。春季迁到东北繁殖地。秋季离开繁殖地往南迁徙。常栖于水面或陆地上，以鱼、虾、昆虫为食。

海 鸥

海鸥（学名：*Larus canus*）是一种中等形体的海鸟，在向海面积较大的湿地中经常可以看到它在空中飞翔的身影。成鸟夏羽头、颈白色，背、肩石板灰色。腰、尾上覆羽和尾羽均为纯白色。冬季头及颈散见褐色细纹，脚和趾为浅黄色。

分布范围 主要分布于中国、阿尔巴尼亚、波斯尼亚和黑塞哥维那、保加利亚、克罗地亚、塞浦路斯、黑山、摩洛哥等国家和地区。

种群现状 由于不确定该物种在其广泛范围内受到威胁的程度，因此难以确定种群趋势。

保护级别 列入《世界自然保护联盟（IUCN）濒危物种红色名录》ver 3.1（2018）——无危（LC）。列入《国家保护的有益的或者有重要经济、科学研究价值的陆生野生动物名录》。

生活习性 海鸥是常见的海鸟，内陆淡水区域也有分布。成对或成小群在地面活动或在空中飞翔。在海边、海港和盛产鱼虾的渔场，成群地漂浮在水面上，游泳和觅食，低空飞翔。

灰背鸥

灰背鸥（学名：*Larus schistisagus*）是一种大型水鸟，在向海湖中比较常见，低空贴近水面飞行、觅食。嘴直，黄色，下嘴先端有红色斑。脚粉红色，头、颈和下体白色，背、肩和翅膀为黑灰色。

分布范围 繁殖于西伯利亚东北部、萨哈林岛、日本北海道和本州。越冬于日本南部和中国辽宁南部、山东威海和烟台、福建、广东。迁徙期间见于黑龙江和吉林。

种群现状 全球种群数量为2.5万～100万只，中国有50～10000只越冬鸟。

保护级别 列入《世界自然保护联盟（IUCN）濒危物种红色名录》ver 3.1（2012）——无危（LC）。列入《国家保护的有益的或者有重要经济、科学研究价值的陆生野生动物名录》。

生活习性 成对或成小群活动。非繁殖期有时也集成大群。

须浮鸥

须浮鸥（学名：*Chlidonias hybrida*）是一种形体略小的浅色燕鸥，向海的常见水鸟，数量较大，在湿地三五成群活动、觅食。繁殖期额黑，胸腹灰色。非繁殖期额白，头顶有细纹，顶后及颈背黑色，下体白色。

分布范围　主要分布在中国、阿富汗、阿尔巴尼亚、阿尔及利亚、安哥拉、亚美尼亚、澳大利亚、奥地利、阿塞拜疆、巴林、孟加拉国、白俄罗斯、科特迪瓦、克罗地亚、塞浦路斯等国家和地区。

种群现状　该物种分布范围广，不接近物种生存的脆弱濒危临界值标准，被评价为无生存危机的物种。

保护级别　列入《世界自然保护联盟（IUCN）濒危物种红色名录》ver 3.1（2013）——无危（LC）。列入《国家保护的有益的或者有重要经济、科学研究价值的陆生野生动物名录》。

生活习性　常成群活动，频繁地在水面上空振翅飞翔。偶成大群，常在漫水地和稻田上空觅食，取食时扎入浅水或低掠水面。

Columbiformes

鸽形目

鸟纲的一目。陆禽，雏鸟为晚成鸟。喜群栖，并有集群迁徙现象。形体中等，嘴平直或稍弯曲，嘴端膨大而有角质。颈和脚均较短，嗉囊发达。主要以植物的果实、种子等为食，也以少量的昆虫类为食物。

■ 斑 鸠

斑鸠（学名：*Streptopelia*）是向海的一种常见鸟，经常在树枝上、电线上出现。性情温顺，不惧怕人。它的头颈灰褐色，体羽以褐色为主。额部和头顶灰色或蓝灰色。肩羽的羽缘为红褐色。颏和喉为粉红色，下体为红褐色。雌雄羽色相似。

分布范围　在中国，斑鸠分布广泛，遍及各省区。秋冬季节迁至平原，常与珠颈斑鸠结群栖息。

种群现状　该物种分布范围广，不接近物种生存的脆弱濒危临界值标准，种群数量趋势稳定。

保护级别　列入《国家保护的有益的或者有重要经济、科学研究价值的陆生野生动物名录》。

生活习性　栖息在山地或平原的林区，营巢在低矮的树上。经常成小群在一起活动，秋冬季节飞到平原觅食。它的飞行姿态与鸽子相似，有时也在空中滑翔。

珠颈斑鸠

珠颈斑鸠（学名：*Streptopelia chinensis*）在我国南方广大地区是一种常见鸟。在向海有过记录，近年来已经很难看到。因颈部羽毛有白色细小斑点而得名。

分布范围 主要分布于中国四川西部、云南、河北（南部）、山东、海南等地。

种群现状 中国特有物种，分布于云南等地。

保护级别 列入《国家保护的有益的或者有重要经济、科学研究价值的陆生野生动物名录》。

生活习性 珠颈斑鸠主要以植物种子为食，特别是农作物种子，如稻谷、玉米、小麦、豌豆、黄豆、菜豆、芝麻、高粱、绿豆等。我国南方常见留鸟，喜在村落及农田附近活动。

Cuculiformes

鹃形目

脊椎动物亚门，鸟纲的一目。有2科34属159种，中小型攀禽。头骨的腭盖为索腭型。嘴形稍粗厚，微向下曲，但不具钩。翅有第5枚次级飞羽。雏鸟为晚成性。

■ 大杜鹃

　　大杜鹃（学名：*Cuculus canorus*）是普通杜鹃的中国亚种。在向海沙地的灌木或杨树林中时常可以看到。另外，繁殖季节，在水泡边的芦苇丛中，其经常与东方大苇莺因寄生卵打斗。雄鸟上体纯暗灰色，两翅暗褐，翅缘白且杂以褐斑。雌雄外形相似，但雌鸟上体灰色沾褐，胸呈棕色。

分布范围　分布在中国西部、南部，在印度、尼泊尔、缅甸、泰国等国也有分布。

种群现状　该物种分布范围广，不接近物种生存的脆弱濒危临界值标准，种群数量趋势稳定，被评价为无生存危机的物种。

保护级别　列入《世界自然保护联盟（IUCN）濒危物种红色名录》ver 3.1（2016）——无危（LC）。列入《国家保护的有益的或者有重要经济、科学研究价值的陆生野生动物名录》。

生活习性　在中国向海主要为夏候鸟，部分为旅鸟。4月至5月迁来，9月至10月迁走。性孤独，常单独活动。

Strigiformes

鸮形目

鸟纲下的一目，为夜行猛禽。喙坚强而钩曲，嘴基蜡膜被硬须掩盖。翅的外形不一，第5枚次级羽缺。尾短圆，脚强健有力，第4趾能向后反转，以利于攀缘。雏鸟为晚成性，无副羽，间或留存。耳孔周缘具耳羽，有助于夜间分辨声响与定位。营巢在树洞或岩石的缝隙中

长耳鸮

长耳鸮（学名：*Asio otus*）在向海的树林中常见。它的上体棕黄色，密布褐色和白色斑点，颏白色，其余下体棕白色而有黑褐色羽干纹。腹部以下羽干纹两侧有树枝状的横枝，眼为橙红色。

分布范围 在中国，除了在青海西宁、新疆喀什和天山等少数地区为留鸟外，在其他大部分地区均为候鸟，其中在黑龙江、吉林、辽宁、内蒙古东部、河北东北部等地为夏候鸟，而从河北、北京往南，直到西藏、广东，以及东南沿海各省等地均为冬候鸟。

种群现状 该物种分布范围非常广，不接近物种生存的脆弱濒危临界值标准，种群数量趋势稳定。

保护级别 列入《濒危野生动植物种国际贸易公约》（CITES）附录Ⅱ。1989年被列入《国家重点保护野生动物名录》二级。列入《世界自然保护联盟（IUCN）濒危物种红色名录》ver 3.1（2012）——无危（LC）。

生活习性 夜行性，白天多躲藏在树林中，常垂直地栖息在树干近旁侧枝上或林中空地上、草丛中，黄昏和晚上才开始活动。

长尾林鸮

长尾林鸮（学名：*Strix uralensis*）是中等大小的猫头鹰，在向海有分布，但不常见。它的喙坚强而钩曲，翅的外形不一，脚强健有力。爪大而锐利，耳孔周缘有耳羽，有助于夜间分辨声响与定位。

分布范围　在中国分布于黑龙江、内蒙古东北部、北京、辽宁、吉林、河南、四川、青海和新疆等地，为稀有留鸟。亚种在我国东北的大兴安岭、小兴安岭及吉林的长白山地区。

种群现状　该物种分布范围广，不接近物种生存的脆弱濒危临界值标准，种群数量趋势稳定。

保护级别　列入《世界自然保护联盟（IUCN）濒危物种红色名录》ver 3.1（2012）——无危（LC）。列入《濒危野生动植物种国际贸易公约》（CITES）附录Ⅱ。列入《国家重点保护野生动物名录》二级，生效年代为1989年。列入《中国濒危动物红皮书·鸟类》易危种，生效年代为1996年。

生活习性　白天大多栖息在密林深处，站在靠近树干的水平粗枝上，由于体色与树的颜色相似，很难被发现。有时白天也活动和捕食。

■ 短耳鸮

短耳鸮（学名：*Asio flammeus*）在向海的草原或沙丘间的荒地上偶尔可以看到。它的身形较小，翼长，面庞显著，短小的耳羽簇不可见，眼为光艳的黄色，眼圈暗色。上体黄褐色，满布黑色和皮黄色纵纹；下体皮黄色，有深褐色纵纹。

分布范围　在中国繁殖于内蒙古东部大兴安岭、黑龙江、辽宁，冬季遍布于全国各地。

种群现状　该物种分布范围广，不接近物种生存的脆弱濒危临界值标准，种群数量趋势稳定。

保护级别　列入《濒危野生动植物种国际贸易公约》（CITES）附录Ⅱ。列入《世界自然保护联盟（IUCN）濒危物种红色名录》ver 3.1（2012）——无危（LC）。列入《国家重点保护野生动物名录》二级。

生活习性　多在黄昏和晚上活动、猎食，平时多栖息于地上或潜伏于草丛中。在中国内蒙古东部、黑龙江和辽宁部分冬候鸟部分留鸟，其余省区为冬候鸟。

纵纹腹小鸮

　　纵纹腹小鸮（学名：*Athene noctua*）是鸱鸮科小鸮属的一种鸟。目前，在向海的树林及沙丘间的矮树上比较常见。它的上体为沙褐色或灰褐色，并散布有白色的斑点。下体棕白色而有褐色纵纹。

分布范围　在中国主要分布于新疆、四川、西藏、甘肃、青海、北京、河北、山西、内蒙古、辽宁、吉林、黑龙江、江苏、山东、河南、广西、贵州、陕西、宁夏等地。

种群现状　在各地均为留鸟，栖息于低山丘陵、林缘灌丛和平原森林地带，也出现在农田、荒漠和村庄附近的树林中。

保护级别　列入《国家重点保护野生动物名录》二级。

生活习性　常见留鸟，广泛分布在中国北方及西部的大多数地区。常立于篱笆及电线上，会神经质地点头或转动，有时以长腿高高站起，或快速振翅作波状飞行。

■ 雕鸮

　　雕鸮（学名：*Bubo bubo*）是一种夜行性猛禽，在向海有分布，数量十分稀少。每年冬季在林间偶尔可以看到。它的喙坚硬而钩曲，翅膀的外形不一，尾短圆，脚强健有力，爪子大而锐利。

分布范围　分布于中国、阿富汗、阿尔巴尼亚、安道尔、亚美尼亚、奥地利、阿塞拜疆、白俄罗斯、比利时、保加利亚、克罗地亚、捷克、丹麦、爱沙尼亚、芬兰、法国、格鲁吉亚等国家和地区。

种群现状　该物种分布范围广，不接近物种生存的脆弱濒危临界值标准，种群数量趋势稳定。

保护级别　列入《世界自然保护联盟（IUCN）濒危物种红色名录》ver 3.1（2012）——无危（LC）。列入《濒危野生动植物种国际贸易公约》（CITES）附录Ⅱ。1989年列入《国家重点保护野生动物名录》二级。1996年列入《中国濒危动物红皮书·鸟类》稀有种。

生活习性　通常远离人群，活动在偏僻之地。夜行性，白天多躲藏在密林中栖息，缩颈闭目栖于树上，一动不动。但听觉甚为敏锐，稍有声响立即伸颈睁眼、转动身体、观察四周。

北鹰鸮

北鹰鸮（学名：*Ninox japonica*）原为鹰鸮的亚种，在向海有分布，但十分少见。

分布范围 主要分布于中国、印度次大陆、东北亚、东南亚、婆罗洲、苏门答腊及爪哇西部。

种群现状 该物种分布范围广，不接近物种生存的脆弱濒危临界值标准，种群数量趋势稳定。

保护级别 列入《国家重点保护野生动物名录》二级。

生活习性 在中国北方为夏候鸟，在南方为留鸟。常飞行追捕空中昆虫，有时以家庭结群一起觅食。

雪鸮

雪鸮（学名：*Bubo scandiacus*）是鸱鸮科的一种大型猫头鹰，在向海有过记录，目前已经很难见到。它的头圆而小，面盘不显著，没有耳羽簇，嘴的基部长满了刚毛一样的须状羽。它的羽色非常美丽，通体为雪白色，有时布有暗色的横斑。

分布范围 分布于中国、加拿大、法罗群岛、芬兰、格陵兰、冰岛、日本、哈萨克斯坦、拉脱维亚、挪威、俄罗斯、瑞典、英国、美国等国家和地区。

种群现状 该物种分布范围广，不接近物种生存的脆弱濒危临界值标准，种群数量趋势稳定，全球雪鸮的数目达到29万只。

保护级别 列入《世界自然保护联盟（IUCN）濒危物种红色名录》ver 3.1（2012）——无危（LC）。列入《濒危野生动植物种国际贸易公约》（CITES）附录Ⅰ。1989年列入《国家重点保护野生动物名录》二级。

生活习性 冬候鸟，冬季飞行到欧洲、北美洲、亚洲中部、朝鲜、日本。在中国冬季飞行到河北、内蒙古、辽宁、黑龙江、陕西、甘肃、新疆等地。雌鸟会定居一处并划分地盘，而且会保卫领地，阻止外来者入侵。

领角鸮

　　领角鸮（学名：*Otus lettia*）是小型鸟。有小型耳羽簇。目前，在向海极其少见。上体偏灰色或沙褐色，有浅黄色的杂纹或斑块。下体浅黄色，夹杂深色细条纹。面部呈白色或浅黄色，眼睛呈橙色或棕色。雌雄无明显差异。

分布范围　分布于中国、孟加拉国、不丹、柬埔寨、印度、印度尼西亚、老挝、马来西亚、缅甸、尼泊尔、巴基斯坦、泰国和越南等国家和地区。

种群现状　全球物种数量规模尚未量化。

保护级别　列入《世界自然保护联盟（IUCN）濒危物种红色名录》ver 3.1（2016）——无危（LC）。列入《濒危野生动植物种国际贸易公约》（CITES）2019年版附录Ⅱ。列入《国家重点保护野生动物名录》二级。

生活习性　一种夜行动物，白天很少见到。栖息在茂密的枝条上，一动不动。主要以甲虫、蚱蜢等为食，但也会吃蜥蜴、老鼠和小鸟。

Caprimulgiformes

夜鷹目

鸟纲的一目　通常栖于山林间，为夜行性鸟，白天大都蹲伏在多树的山坡草地上或树枝上，有时至洞穴中，黄昏出动，食物以昆虫为主　卵产在地面或岩石上，常2枚。

■ 普通夜鹰

　　普通夜鹰（学名：*Caprimulgus indicus*）为夜鹰科夜鹰属的一种森林益鸟，在向海有分布，但数量稀少不多见。它捕食害虫。

分布范围　分布在中国、孟加拉国、不丹、文莱、柬埔寨、印度、印度尼西亚、日本、朝鲜、韩国、菲律宾、俄罗斯、新加坡、斯里兰卡、泰国、越南等国家和地区。

种群现状　普通夜鹰种群数量稀少，极为少见。

保护级别　列入《世界自然保护联盟（IUCN）濒危物种红色名录》ver 3.1（2012）——无危（LC）。列入《国家保护的有益的或者有重要经济、科学研究价值的陆生野生动物名录》。

生活习性　单独或成对活动。夜行性，白天多蹲伏于林中草地上或卧伏在阴暗的树干上，故名"贴树皮"。由于体色和树干颜色很相似，所以很难被发现。

Coraciiformes

佛法僧目

鸟纲的一个目。有9科，很多科分布局限于热带、亚热带地区，其他科则分布比较广泛，我国有5科。这一目的鸟分布广泛，形态结构多样。成员形体大小不一，生活方式多种多样，以昆虫和小动物为食，有些种类以鱼为食，还有些种类食果实。佛法僧目中的一些鸟为国家二级保护动物

■ 普通翠鸟

普通翠鸟（学名：*Alcedo atthis*）是一种小型鸟，在向海很常见，当地人亲切地称之为"小翠"。体色较淡，耳覆羽棕色，翅和尾较蓝，下体红褐色，耳后有一白斑。

分布范围 在中国主要分布于中部和南部，为留鸟。

种群现状 该物种分布范围广，不接近物种生存的脆弱濒危临界值标准，种群数量趋势稳定，被评价为无生存危机的物种。

保护级别 列入《世界自然保护联盟（IUCN）濒危物种红色名录》ver 3.1（2013）——无危（LC）。

生活习性 游客在向海观鸟时，经常能够看到普通翠鸟停息在河边树枝、荷花或芦苇上，常常单独活动，很少看到集群。在岸边的土坡或树洞中筑巢繁殖，每年10月末飞往江南越冬，主要食物是水塘中的小鱼、小虾。

蓝翡翠

　　蓝翡翠（学名：*Halcyon pileata*）是一种十分漂亮的鸟，目前在向海已经很难看到其踪迹。据向海村庄的老年人介绍，20世纪五六十年代人们在村边水塘时常可见它的踪影。蓝翡翠是翠鸟科翡翠属的鸟，寿命10年。以头黑为特征，翼上覆羽黑色，上体其余为亮丽华贵的蓝紫色。

分布范围　在中国，蓝翡翠分布于黑龙江、吉林长白山、辽宁、河北、山东、山西、云南，南至广东、广西、福建、海南。在华东、华中及华南，从辽宁至甘肃的大部分地区以及东南部广大地区繁殖，部分地区为留鸟。

种群现状　该物种分布范围广，不接近物种生存的脆弱濒危临界值标准，种群数量趋势稳定。

保护级别　列入《世界自然保护联盟（IUCN）濒危物种红色名录》ver 3.1（2016）——无危（LC）。列入《国家保护的有益的或者有重要经济、科学研究价值的陆生野生动物名录》。

生活习性　蓝翡翠的性情孤僻，常常单独活动，平时多停息在河边树桩和岩石上，喜欢长时间一动不动地注视水面，伺机捕鱼或小虾。

■ 戴 胜

戴胜（学名：*Upupa epops*）是向海一种常见的鸟，金黄色的冠羽十分漂亮，常在村庄里出现。它营巢于腐朽的树洞内。头顶凤冠状羽冠，嘴形细长。共有9个亚种。因是消灭害虫的益鸟，当地的人们对其爱护有加。

分布范围 在中国，戴胜分布比较广泛。在国外，分布于阿富汗、阿尔巴尼亚、阿尔及利亚、安道尔、安哥拉、亚美尼亚、奥地利、阿塞拜疆、巴林、孟加拉国、白俄罗斯、喀麦隆、中非、乍得等国家和地区。

种群现状 该物种分布范围很广，不接近物种生存的脆弱濒危临界值标准，种群数量趋势稳定。

保护级别 列入《世界自然保护联盟（IUCN）濒危物种红色名录》ver 3.1（2012）——无危（LC）。

生活习性 向海沙丘中的树林间是戴胜繁衍生息的乐园。它多单独或成对活动，发出悦耳的咕咕咕的叫声。飞行时，翅膀扇动非常缓慢，姿态优美。

三宝鸟

    三宝鸟（学名：*Eurystomus orientalis*）近年来在向海并不多见。据向海蒙古族乡向海村一些村民介绍，在林间偶尔能看到其踪迹。三宝鸟通体蓝绿色，头和翅膀较暗，呈黑褐色。虹膜暗褐色，嘴、脚红色。共有10个亚种。

分布范围 在中国，主要分布在吉林省长白山、黑龙江省小兴安岭、辽宁、河北、宁夏、四川、贵州、云南、广西、广东、澳门、海南、福建。

种群现状 全球种群规模尚未量化，但该物种被报道频繁出现于其分布区域。

保护级别 列入《世界自然保护联盟（IUCN）濒危物种红色名录》ver 3.1（2012）——无危（LC）。列入《国家保护的有益的或者有重要经济、科学研究价值的陆生野生动物名录》。列入《中国濒危动物红皮书·鸟类》无危物种。

生活习性 三宝鸟营巢于高高的树洞，喜欢吃甲虫，很少到地面上活动或觅食。

Piciformes

䴕形目

鸟纲的一个目。中型攀禽。此目可细分为鹟䴕亚目和䴕亚目。鹟䴕亚目包括须䴕科、响蜜䴕科、鵎鵼科等；䴕亚目只有啄木鸟科。此目约有400种，除大洋洲及南极外，均有分布。我国只有须䴕科8种和啄木鸟科29种。在凿成的树洞中营巢，雏鸟为晚成性。

黑啄木鸟

　　黑啄木鸟（学名：*Dryocopus martius*）是啄木鸟中最大的一种。在向海不常见，种群数量较少，寿命为11年左右。通体几乎黑色；雄鸟额、头顶和枕全为血红色。雌鸟仅头后有血红色。

分布范围 分布于中国、阿尔巴尼亚、安道尔、亚美尼亚、奥地利、阿塞拜疆、白俄罗斯、比利时、波斯尼亚和黑塞哥维那、爱沙尼亚、芬兰、法国、格鲁吉亚、德国、希腊、匈牙利等国家和地区。

种群现状 该物种分布范围广，不接近物种生存的脆弱濒危临界值标准，被评价为无生存危机的物种。

保护级别 列入《世界自然保护联盟（IUCN）濒危物种红色名录》ver3.1（2014）——低危（LC）。

生活习性 常单独活动。繁殖后期则成家族群。主要在树的粗枝和枯木上取食，也常到地面和腐朽的倒木上觅食蚂蚁和昆虫。

灰头绿啄木鸟

灰头绿啄木鸟（学名：*Picus canus*）雄鸟上体背部绿色，腰部和尾部覆羽黄绿色，额部和顶部红色，枕部灰色并有黑纹。颊部和颏喉部灰色，髭纹黑色。初级飞羽黑色具有白色横条纹。尾大部为黑色。下体灰绿色。雌雄相似，但雌鸟头顶和额部绯红色。

分布范围　分布于中国、阿尔巴尼亚、奥地利、孟加拉国、白俄罗斯、芬兰、法国、德国、希腊、匈牙利、印度、印度尼西亚、意大利、日本、哈萨克斯坦等国家和地区。

种群现状　该物种分布范围广，不接近物种生存的脆弱濒危临界值标准，被评价为无生存危机的物种。

保护级别　列入《世界自然保护联盟（IUCN）濒危物种红色名录》ver3.1（2012）——无危（LC）。

生活习性　主要以蚂蚁、小蠹虫、天牛幼虫等昆虫为食。常单独或成对活动，很少成群。飞行迅速，常在树干的中下部及地面取食。

星头啄木鸟

星头啄木鸟（学名：*Dendrocopos canicapillus*）是啄木鸟属的小型鸟，在向海分布较少，杨树林中偶尔可以看到。额至头顶灰色或灰褐色，有一宽阔的白色眉纹自眼后延伸至颈侧。雄鸟在枕部两侧各有一深红色斑，上体黑色，下背至腰和两翅呈黑白斑杂状，下体有黑色纵纹。

分布范围 在中国分布于黑龙江东南部、吉林长白山、辽宁南部、河北、山西、甘肃、山东、河南、江苏、安徽、湖北、浙江、湖南、四川、贵州、云南、广西、广东、福建和海南。我国以外分布于印度、缅甸、马来半岛和印度尼西亚。

种群现状 分布范围广，不接近物种生存的脆弱濒危临界值标准，种群数量趋势稳定，因此被评价为无危物种。

保护级别 列入《世界自然保护联盟（IUCN）濒危物种红色名录》ver 3.1（2012）——无危（LC）。列入《国家保护的有益的或者有重要经济、科学研究价值的陆生野生动物名录》。

生活习性 常单独或成对活动，仅带雏期间出现家族群。多在树的中上部活动和取食，主要以天牛、小蠹虫、蚂蚁、金花虫等昆虫为食，偶尔也吃植物果实和种子。

棕腹啄木鸟

棕腹啄木鸟（学名：*Dendrocopos hyperythrus*）是一种非常漂亮的鸟，在向海的林间偶尔可以看到。头顶部有红色斑带。嘴直如凿。舌细长，能伸缩自如，先端并列生短钩。

分布范围　分布于中国、孟加拉国、不丹、印度、老挝、缅甸、尼泊尔、泰国和越南。

种群现状　该物种分布范围广，不接近物种生存的脆弱濒危临界值标准，被评价为无生存危机的物种。

保护级别　列入《世界自然保护联盟（IUCN）濒危物种红色名录》ver 3.1（2012）——无危（LC）。列入《国家保护的有益的或者有重要经济、科学研究价值的陆生野生动物名录》。

生活习性　迁徙时常单独飞行，叫声与大斑啄木鸟相似，嗜吃昆虫，尤其是蚂蚁，也吃蝽象、步行虫等。

蚁䴕

蚁䴕（学名：*Jynx torquilla*）在向海有分布，但目前已经很少看到。蚁䴕喜欢在枯树上活动，捕食蚂蚁。全身体羽黑褐色，斑驳杂乱，上体及尾棕褐色，自后枕至下背有一暗黑色菱形斑块。下体具有细小横斑，其尾部较长，有数条黑褐色横斑。

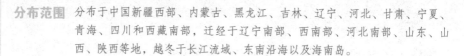

分布范围　分布于中国新疆西部、内蒙古、黑龙江、吉林、辽宁、河北、甘肃、宁夏、青海、四川和西藏南部，迁经于辽宁南部、西南部、河北南部、山东、山西、陕西等地，越冬于长江流域、东南沿海以及海南岛。

种群现状　蚁䴕被评为无生存危机的物种，暂时没有灭绝的危险，虽然为无危物种，但总数呈下降趋势。

保护级别　列入《世界自然保护联盟（IUCN）濒危物种红色名录》ver 3.1（2016）——无危（LC）。列入《国家保护的有益的或者有重要经济、科学研究价值的陆生野生动物名录》。

生活习性　除繁殖期外，常单独活动。多在地面觅食，跳跃式前进。主要以蚂蚁、蚂蚁卵和蛹为食。

大斑啄木鸟

大斑啄木鸟（学名：*Dendrocopos major*）是向海的一种常见林鸟，在树上凿洞筑巢。上体主要为黑色，额、颊和耳羽白色，肩和翅上各有一块大的白斑。尾黑色，外侧尾羽具黑白相间横斑，飞羽亦具黑白相间的横斑。下体污白色，无斑。下腹和尾下覆羽鲜红色。

分布范围 在中国主要分布于新疆、内蒙古东北部、黑龙江、吉林、辽宁、河北、河南、山东、江苏、安徽、山西、陕西、甘肃、青海、四川、江西、浙江、福建、广东、广西和海南等地。

种群现状 该物种分布范围广，不接近物种生存的脆弱濒危临界值标准，被评价为无生存危机的物种。

保护级别 列入《世界自然保护联盟（IUCN）濒危物种红色名录》ver 3.1（2012）——无危（LC）。列入《国家保护的有益的或者有重要经济、科学研究价值的陆生野生动物名录》。

生活习性 常单独或成对活动，繁殖后期则是松散的家族群活动。多在树干和粗枝上觅食，用舌头探入树皮缝隙或从啄出的树洞内钩取害虫。

Passeriformes

雀形目

为中、小型鸣禽，喙形多样。鸣管结构及鸣肌复杂，大多善于鸣啭，叫声多变悦耳。筑巢大多精巧，雏鸟晚成性。雀形目种类及数量众多，适应各种生态环境。有100科5400种以上，是鸟类中最为庞杂的一目，占全部种类的一半以上，我国有34科。

云雀

　　云雀（学名：*Alauda arvensis*）是小型鸣禽，形体及羽色略似麻雀。目前，在向海自然保护区的草原上时常可以看到，但数量稀少。雄性和雌性的相貌相似。背部花褐色和浅黄色，胸腹部白色至深棕色。外尾羽白色，尾巴棕色。后脑勺有羽冠。

分布范围　繁殖在新疆、青海、西藏、河北、山东、黑龙江、吉林等地。冬季迁徙到东北南部、长江中下游、江苏、广东北部等地越冬。

种群现状　中国有1万～10万对繁殖对。

保护级别　列入《世界自然保护联盟（IUCN）濒危物种红色名录》ver 3.1（2018）——无危（LC）。列入《国家重点保护野生动物名录》二级。

生活习性　经常成群迁徙，多集群在地面奔跑、寻觅食物和嬉戏追逐，时而挺立并竖起羽冠，在受惊时更是如此。

蒙古百灵

　　蒙古百灵（学名：*Melanocorypha mongolica*）是一种小型鸣禽，在向海自然保护区的草原上有分布，但数量稀少。上体黄褐色，有棕黄色羽缘，头顶周围栗色，下体白色，胸部有不连接的宽阔横带，两胁稍杂以栗纹，颊部黄色。雌鸟似雄鸟，但颜色暗淡。

分布范围　主要分布在北京、河北、内蒙古、辽宁、吉林、黑龙江、河南、甘肃、青海、宁夏等地，以及莫莫格、白芨滩、青海湖鸟岛、芦芽山、衡水湖湿地、赛罕乌拉等保护区。

种群现状　为夏候鸟或留鸟。它在我国仅分布于内蒙古、青海和东北部分地区，种群数量曾经较为丰富。

保护级别　列入《世界自然保护联盟濒危物种红色名录（IUCN）》ver 3.1（2016）——无危（LC）。列入《国家重点保护野生动物名录》二级。

生活习性　越冬前期多与小沙百灵组成混合群活动。夜间栖息于有一定坡度的、干燥的细沙质荒草地或农田。食物为禾本科植物的种子。

■ 崖沙燕

　　崖沙燕（学名：*Riparia riparia*）又名灰沙燕，为燕科燕属，在向海的沙丘或土崖上时常可以看到其结群活动。它的背羽褐色或砂灰褐色。胸有灰褐色横带，腹与尾下覆羽白毛，尾羽没有白斑。

分布范围　分布在中国、阿富汗、阿尔巴尼亚、阿尔及利亚、安哥拉、安圭拉、安提瓜和巴布达、阿根廷、奥地利、阿塞拜疆、巴哈马、巴林、白俄罗斯、比利时、伯利兹、贝宁、不丹、玻利维亚等国家和地区。

种群现状　该物种分布范围广，不接近物种生存的脆弱濒危临界值标准，种群数量趋势稳定。

保护级别　列入《世界自然保护联盟（IUCN）濒危物种红色名录》ver 3.1（2012）——无危（LC）。列入《国家保护的有益的或者有重要经济、科学研究价值的陆生野生动物名录》。

生活习性　常成群生活，不远离水域。有时也与家燕、金腰燕混群飞翔于空中。飞行轻快而敏捷，常穿梭往返于水面，且边飞边叫。

家燕

家燕（学名：*Hirundo rustica*）是向海常见的一种鸟。翅尖窄，凹尾短喙，足弱小，羽毛不算太多。羽衣单色，或有带金属光泽的蓝色或绿色；大多数种类两性都很相似。

分布范围 　主要分布在亚洲东南部、非洲北部和东部、欧洲大部和北美部分地区。

种群现状 　该物种分布范围广，不接近物种生存的脆弱濒危临界值标准。

保护级别 　列入《世界自然保护联盟（IUCN）濒危物种红色名录》ver 3.1（2012）——无危（LC）。

生活习性 　愿意接近人类，也是人类喜欢的一种益鸟。家燕在农家屋檐下营巢。巢多用衔来的泥和草茎经唾液黏结而成，内铺以细软杂草、羽毛、破布等。巢为皿状。每年繁殖两窝。

■ 白腹毛脚燕

　　白腹毛脚燕（学名：*Delichon urbicum*）又称毛脚燕，体形轻小，活动敏捷。向海有分布，但数量较少，常筑巢在桥梁、屋檐之下。上体黑色，富有金属蓝黑色光泽，嘴黑褐色，腰及尾上覆羽为白色，下体纯白色，腿、脚均被以白色绒羽。爪为黄色，叉形尾，腰白色区较大。

分布范围　主要分布在中国新疆、河北、山东、江苏、广东、福建、甘肃、青海、四川、西藏、云南、贵州、陕西、山西、湖北等地。

种群现状　该物种分布范围广，不接近物种生存的脆弱濒危临界值标准。

保护级别　列入《世界自然保护联盟（IUCN）濒危物种红色名录》ver 3.1（2012）——无危（LC）。

生活习性　常成群活动，平时多见十余只至二十多只的小群活动，迁徙期间常常集成数百只的大群。

金腰燕

金腰燕（学名：*Cecropis daurica*）是向海常见的一种鸟。上体黑色，有蓝色光泽，腰部栗色。下体棕白色，有黑色的细纵纹，尾甚长，为深凹形。最显著的标志是有一条栗黄色的腰带，与深蓝色的上体成对比。

分布范围　分布在中国、阿富汗、阿尔巴尼亚、阿尔及利亚、澳大利亚、巴林、孟加拉国、贝宁、不丹、文莱、保加利亚、布基纳法索、布隆迪、柬埔寨、喀麦隆、中非、乍得等国家和地区。

种群现状　中国常见的夏候鸟，分布广、数量大，被认为是一种吉祥鸟。为了保护这一益鸟，该鸟已被列入地方保护鸟类名单。

保护级别　列入《世界自然保护联盟（IUCN）濒危物种红色名录》ver 3.1（2017）——无危（LC）。

生活习性　每年迁来中国的时间随地区而不同。南方较早，北方较晚。主要栖于低丘陵和平原，常成群活动，迁徙期间有时集成数百只的大群。

白鹡鸰

　　白鹡鸰（学名：*Motacilla alba*）是小型鸣禽，寿命10年。在向海的湿地中比较常见。它的体羽为黑白二色，经常成对活动或结成小群活动，以昆虫为食。

分布范围　在中国中北部广大地区为夏候鸟，华南地区为留鸟。

种群现状　该物种分布范围广，不接近物种生存的脆弱濒危临界值标准。

保护级别　列入《世界自然保护联盟（IUCN）濒危物种红色名录》ver 3.1（2012）——
　　　　　　无危（LC）。列入《国家保护的有益的或者有重要经济、科学研究价值的陆
　　　　　　生野生动物名录》。

生活习性　多在水边或水域附近的草地、农田、荒坡或路边活动，或是在地上行走，或是
　　　　　　跑动捕食。遇人则斜着起飞，边飞边鸣。

灰鹡鸰

　　灰鹡鸰（学名：*Motacilla cinerea*）是向海一种常见的鸟，中小型鸣禽，上背为灰色，飞行时白色翼斑和黄色的腰显现，且尾较长，形体较纤细。

分布范围　在中国遍及全国各地。

种群现状　主要以昆虫为食，是一种重要的农林益鸟，种群数量较多。该物种分布范围广，不接近物种生存的脆弱濒危临界值标准。

保护级别　列入《世界自然保护联盟（IUCN）濒危物种红色名录》ver 3.1（2012）——无危（LC）。列入《国家保护的有益的或者有重要经济、科学研究价值的陆生野生动物名录》。

生活习性　常单独或成对活动，有时也集成小群或与白鹡鸰混群。飞行时两翅一展一收，呈波浪式前进，并不断发出鸣叫声。

■ 树 鹨

　　树鹨（学名：*Anthus hodgsoni*）在向海自然保护区低矮的灌木丛中时常可以看到。它是一种小型鸣禽，上体橄榄绿色具褐色纵纹，头部较明显。眉纹乳白色或棕黄色，耳后有一白斑。下体灰白色，胸部有黑褐色纵纹。

分布范围　在中国主要分布于黑龙江、吉林、辽宁、内蒙古东北部大兴安岭、河北、甘
　　　　　肃、四川、青海、西藏和云南等地（夏候鸟或旅鸟），越冬于长江流域以
　　　　　南、东南沿海、云南、西藏南部和海南等地。

种群现状　该物种分布范围广，局部地区较普遍。不接近物种生存的脆弱濒危临界值
　　　　　标准。

保护级别　列入《世界自然保护联盟（IUCN）濒危物种红色名录》ver 3.1（2012）——
　　　　　无危（LC）。列入《国家保护的有益的或者有重要经济、科学研究价值的陆
　　　　　生野生动物名录》。

生活习性　在我国为夏候鸟或冬候鸟。每年4月初开始迁至东北繁殖地，10月下旬集成
　　　　　松散的小群南迁。多在地上奔跑觅食。

水鹨

　　水鹨（学名：*Anthus spinoletta*）是小型鸣禽，寿命9年。在向海湿地中时常可见。它的上体为橄榄绿色，有褐色纵纹，头部较明显。眉纹乳白色或棕黄色，耳后有一白斑。下体灰白色，胸部有黑褐色纵纹。

分布范围　分布在中国、阿富汗、阿尔巴尼亚、阿尔及利亚、安道尔、亚美尼亚、保加利亚、克罗地亚、塞浦路斯、捷克、丹麦、埃及等国家和地区。

种群现状　该物种分布范围广，不接近物种生存的脆弱濒危临界值标准。

保护级别　列入《世界自然保护联盟（IUCN）濒危物种红色名录》ver 3.1（2009）——无危（LC）。列入《国家保护的有益的或者有重要经济、科学研究价值的陆生野生动物名录》。

生活习性　单个或成对活动，迁徙期间也集成较大的群。性情机警、活泼，多在地上或灌丛中奔跑觅食。

黄头鹡鸰

　　黄头鹡鸰（学名：*Motacilla citreola*）目前在向海有分布，但不常见，数量比较稀少。它的形体较纤细，头部金黄、喙细长，翅尖及内侧飞羽极长，尾部细长呈圆尾状。

分布范围　繁殖于中国北方及东北，冬季迁至华南沿海。

种群现状　该物种分布范围广，不接近物种生存的脆弱濒危临界值标准，种群数量趋势稳定，因此被评价为无生存危机的物种。

保护级别　列入《世界自然保护联盟（IUCN）濒危物种红色名录》ver 3.1（2012）——无危（LC）。列入《国家保护的有益的或者有重要经济、科学研究价值的陆生野生动物名录》。

生活习性　主要栖息于湖畔、河边、农田、草地、沼泽等各类生境中，常成对或结成小群活动。偶尔也和其他种类的鹡鸰栖息在一起。

白头鹎

白头鹎（学名：*Pycnonotus sinensis*）在向海有过记录，目前很难见到。它又名白头翁，为鸣禽。雄鸟胸部灰色较深，雌鸟浅淡。雄鸟枕部白色，极为清晰醒目。

分布范围 在中国主要分布于长江流域及其以南广大地区，陕西南部和河南一带，偶尔见于河北、山东、四川、贵州、云南（东北部）、江苏、浙江、福建、广西、广东、海南岛。

种群现状 中国特有鸟，是长江流域及其以南广大地区的常见鸟。

保护级别 列入《世界自然保护联盟（IUCN）濒危物种红色名录》ver 3.1（2012）——无危（LC）。列入《国家保护的有益的或者有重要经济、科学研究价值的陆生野生动物名录》。

生活习性 每年3月至5月是白头鹎的繁殖期，喜欢将巢筑在树上。

■ 栗耳短脚鹎

栗耳短脚鹎（学名：*Hypsipetes amaurotis*）是向海的一种常见鸟。头顶和枕部羽呈浅褐色，羽端浅灰色。上体褐色，两翅和尾均为褐色。

分布范围　中国东北（中部、辽东半岛）、河北、浙江、上海。国外分布：日本、朝鲜、菲律宾。

种群现状　该物种分布范围广，不接近物种生存的脆弱濒危临界值标准，种群数量趋势稳定。

保护级别　列入《世界自然保护联盟（IUCN）濒危物种红色名录》ver 3.1（2016）——无危（LC）。

生活习性　喜结群，栖息于树林、落叶林地、农耕地及林园。

大太平鸟

大太平鸟（学名：*Bombycilla garrulus*）春秋两季迁徙时节，在向海比较常见。通体灰褐色，有羽冠。颊、喉黑色，尾羽先端黄色。虹膜暗红色。嘴、脚、爪为黑色。

分布范围 在中国为冬候鸟，在东北、内蒙古及华北一带均可见到，新疆、四川、福建等地偶尔可见。有2个亚种，中国有1个亚种。

种群现状 为中国的旅鸟及冬候鸟，集结成大群在辽宁以南、新疆、福建的广大地区越冬。

保护级别 该物种已被列入《国家保护的有益的或者有重要经济、科学研究价值的陆生野生动物名录》。

生活习性 繁殖期栖息在针叶林或针阔混交林内，云杉树上筑巢，巢为杯状，结构比较紧密。

小太平鸟

　　小太平鸟（学名：*Bombycilla japonica*）于每年的春秋两季在向海比较常见。尾端绯红色显著，次级飞羽端部无蜡样附着，但羽尖绯红。

分布范围　分布于俄罗斯东南部，不定期进入毗邻的我国东北地区，非繁殖地主要是中国东部、韩国和日本。

种群现状　全球种群规模尚未量化。

保护级别　列入《世界自然保护联盟（IUCN）濒危物种红色名录》ver 3.1（2012）——近危（NT）。列入《国家保护的有益的或者有重要经济、科学研究价值的陆生野生动物名录》。

生活习性　小太平鸟迁徙及越冬期间，成小群在针叶林及高大的阔叶树上觅食，常与大太平鸟混群活动。

楔尾伯劳

楔尾伯劳（学名：*Lanius sphenocercus*）是向海一种常见的鸟，是伯劳中最大的个体。多飞落在树林和沙丘的矮树上。它的喙强健，有钩和齿，黑色贯眼纹明显。上体灰色，中央尾羽及飞羽黑色，尾部特长。

分布范围　主要分布于中国黑龙江、吉林、内蒙古、甘肃、青海、陕西、宁夏、山西等地。

种群现状　分布范围广，种群数量趋势稳定。

保护级别　列入《世界自然保护联盟（IUCN）濒危物种红色名录》ver 3.1（2012）——无危（LC）。列入《国家保护的有益的或者有重要经济、科学研究价值的陆生野生动物名录》。

生活习性　常单独或成对活动。能长时间追捕小鸟，抓捕后撕食或挂于树桩上。性情凶猛，如遭到其他鸟侵入，雌雄会同时攻击入侵者，直至将其赶出巢区。

红尾伯劳

红尾伯劳（学名：*Lanius cristatus*）是一种常见的鸟，在向海的树林或沙丘矮树之中活动，种群数量较大。它的上体棕褐或灰褐色，两翅黑褐色，头顶灰色或红棕色、有白色眉纹和黑色的贯眼纹。尾上覆羽红棕色，呈楔形。额、喉白色，下体为棕色。

分布范围 在中国主要分布于黑龙江、吉林、辽宁、内蒙古、甘肃、宁夏、青海、陕西、河北、河南、山东、四川、江苏、浙江、安徽、湖北、湖南、江西、福建、广东、广西、云南、贵州、海南。

种群现状 该物种分布范围广，不接近物种生存的脆弱濒危临界值标准，种群数量趋势稳定，因此被评价为无生存危机的物种。

保护级别 列入《世界自然保护联盟（IUCN）濒危物种红色名录》ver 3.1（2012）——无危（LC）。列入《国家保护的有益的或者有重要经济、科学研究价值的陆生野生动物名录》。

生活习性 东北亚种繁殖于黑龙江，迁徙经中国东部。指名亚种为冬候鸟。单独或成对活动，性情活泼，常在枝头跳跃或飞上飞下。

虎纹伯劳

虎纹伯劳（学名：*Lanius tigrinus*）在向海有过记录，但目前已经很难看到。雄性成鸟前额、头顶至后颈为蓝灰色。上体余部包括肩羽及翅上覆羽栗红褐色，杂以黑色波状横斑。飞羽暗褐色。雌性成鸟羽色与雄鸟相似，但前额基部黑色较少。

分布范围 分布在中国、文莱、柬埔寨、印度尼西亚、日本、朝鲜、老挝、韩国、马来西亚、缅甸、俄罗斯、新加坡、泰国、越南等国家和地区。

种群现状 该物种分布范围广，不接近物种生存的脆弱濒危临界值标准，种群数量趋势稳定。

保护级别 列入《世界自然保护联盟（IUCN）濒危物种红色名录》ver 3.1（2013）——无危（LC）。列入《国家保护的有益的或者有重要经济、科学研究价值的陆生野生动物名录》。

生活习性 多停息在灌木、乔木的顶端或电线上。性情较凶猛，不仅捕食昆虫，有时也会袭击小鸟。

黑枕黄鹂

　　黑枕黄鹂（学名：*Oriolus chinensis*）是一种中型雀。通体金黄色，两翅和尾部黑色。枕部有一宽阔的黑色带斑，在金黄色的头部极为醒目。是向海比较常见的鸟，营巢在高大杨树的顶部，十分隐蔽，一般很难发现。

分布范围　在中国主要分布于黑龙江、吉林、辽宁、内蒙古东北部、河北、山东、山西、陕西、甘肃、广东、广西、福建、海南、四川、贵州、云南、江苏、浙江东部沿海等地区。

种群现状　分布范围较广，种群数量亦较金黄鹂丰富。

保护级别　列入《世界自然保护联盟（IUCN）濒危物种红色名录》ver 3.1（2012）——无危（LC）。

生活习性　常单独或成群在高大乔木的树冠层活动，很少到地面。夏季在低山和平原地区的树林中常常可听见其鸣叫，是一种有益的鸟。

黑卷尾 ■

　　黑卷尾（学名：*Dicrurus macrocercus*）在向海有过记录，目前已经很难见到。它的通体黑色，上体、胸部及尾羽有蓝色光泽。尾长为深凹形，最外侧一对尾羽向外上方卷曲。

分布范围　主要分布在中国吉林等地，西藏为夏候鸟，云南（南部）、海南为留鸟。

种群现状　该物种分布范围广，不接近物种生存的脆弱濒危临界值标准，种群数量趋势稳定。

保护级别　列入《世界自然保护联盟（IUCN）濒危物种红色名录》ver 3.1（2012）——无危（LC）。列入《国家保护的有益的或者有重要经济、科学研究价值的陆生野生动物名录》。

生活习性　栖息于开阔地区，繁殖期有非常强的领域行为，性凶猛，非繁殖期喜结群打斗。

丝光椋鸟

丝光椋鸟（学名：*Sturnus sericeus*）在向海是一种常见的鸟，种群数量较大。嘴朱红色，脚橙黄色。雄鸟的头、颈为丝光白色或棕白色，背深灰色，胸灰色，两翅和尾黑色。雌鸟的头顶前部棕白色，上体灰褐色，下体浅灰褐色，其他同雄鸟。

分布范围 在中国主要分布于重庆、四川、贵州、云南等地。

种群现状 该物种分布范围广，不接近物种生存的脆弱濒危临界值标准。

保护级别 列入《世界自然保护联盟（IUCN）濒危物种红色名录》ver 3.1（2012）——低危（LC）。列入《国家保护的有益的或者有重要经济、科学研究价值的陆生野生动物名录》。

生活习性 留鸟喜结群，在地面上取食植物果实、种子和昆虫。常栖息在电线、丛林、果园及农耕区，筑巢于洞穴中。

北椋鸟

北椋鸟（学名：*Sturnus sturninus*）是向海常见鸟之一。背部深色，腹部白色。叫声多变化，善于模仿其他鸟。

分布范围 在中国主要分布于内蒙古、吉林、黑龙江、辽宁、河北、陕西、山西、宁夏、甘肃、河南、山东、安徽、湖北、江苏、四川、云南、广东、海南等地。

种群现状 该物种分布范围广，不接近物种生存的脆弱濒危临界值标准。

保护级别 列入《世界自然保护联盟（IUCN）濒危物种红色名录》ver 3.1（2012）——无危（LC）。列入《国家保护的有益的或者有重要经济、科学研究价值的陆生野生动物名录》。

生活习性 性喜成群。除繁殖期成对活动外，其他时候多成群活动。

■ 灰椋鸟

灰椋鸟（学名：*Sturnus cineraceus*）是向海一种常见的鸟，数量较大。头顶至后颈黑色，额和头顶杂有白色，颊和耳覆羽白色微杂有黑色纵纹。上体灰褐色，尾上覆羽白色，嘴橙红色，尖端黑色，脚橙黄色。

分布范围 中国主要分布于黑龙江、吉林、辽宁、内蒙古东北部和东南部、河北、山西、宁夏贺兰山、甘肃南部和西部兰州、四川东北部邻水以及青海东部和东北部，也有部分繁殖于河南和山东北部。

种群现状 该物种分布范围广，不接近物种生存的脆弱濒危临界值标准。

保护级别 列入《世界自然保护联盟（IUCN）濒危物种红色名录》ver 3.1（2012）——无危（LC）。

生活习性 性杂食，夏季以昆虫及其幼虫等为食，冬季则主要啄食野生植物的果实和种子。飞行疾速，常成群飞翔。

松鸦

　　松鸦（学名：*Garrulus glandarius*）在向海有分布，但树林间并不常见。松鸦共有34个亚种。翅短，尾长，羽毛蓬松呈绒毛状。头顶有羽冠，遇刺激时能够竖起来。上体葡萄棕色，尾上覆羽白色，尾巴和翅膀为黑色，翅上有黑、白、蓝三色相间的横斑，极为醒目。

分布范围　在中国分布于黑龙江、吉林、辽宁、内蒙古东北部和东南部、河北、山西、陕西、河南、贵州、四川、甘肃、云南、西藏南部、长江流域及其以南地区、新疆北部等地。

种群现状　在中国分布范围较广，亚种分化较多。它捕食大量森林害虫，对森林有益，应注意保护。

保护级别　列入《世界自然保护联盟（IUCN）濒危物种红色名录》ver 3.1（2016）——无危（LC）。

生活习性　除繁殖期多见成对活动外，其他季节多集成小群四处游荡，栖息在树顶，多躲藏在树叶丛中。食性较杂，食物组成随季节和环境而变化。

193

■ 达乌里寒鸦

达乌里寒鸦（学名：*Corvus dauuricus*）是小型鸦，向海草原和沙丘的矮树上十分常见。全身羽毛主要为黑色，后颈有一宽阔的白色颈圈向两侧延伸至胸和腹部，在黑色体羽衬托下极为醒目。

分布范围 在中国分布于黑龙江、吉林、辽宁、内蒙古东北部呼伦贝尔市、赤峰、河北、北京、河南、山东、山西、青海、甘肃、新疆东部哈密、四川、贵州、云南和西藏东南部。

种群现状 在中国分布范围较广，种群数量较丰富。但近十多年来，种群数量明显下降。

保护级别 列入《世界自然保护联盟（IUCN）濒危物种红色名录》ver 3.1（2013）——无危（LC）。列入《国家保护的有益的或者有重要经济、科学研究价值的陆生野生动物名录》。

生活习性 在中国繁殖的达乌里寒鸦为留鸟，部分冬候鸟。常在林缘、农田、河谷、牧场处活动，晚上多栖于附近树上和悬岩岩石上。喜成群，有时也和其他鸦混群活动。

星鸦

　　星鸦（学名：*Nucifraga caryocatactes*）在向海的沙丘、草地上偶尔可以看到，数量分布较少。星鸦共有10个亚种。体羽大都呈咖啡褐色，有白色斑。黑翅，飞翔时白色的尾下覆羽和尾羽白端很醒目。

分布范围　主要分布在中国西北部、东北部、中部等地。

种群现状　该物种分布范围广，不接近物种生存的脆弱濒危临界值标准。

保护级别　列入《世界自然保护联盟（IUCN）濒危物种红色名录》ver 3.1（2016）——无危（LC）。

生活习性　单独或成对活动，偶成小群。栖于松林，以松子为食。常收集松子等坚果储藏在树洞里和树根底下，以备冬季食用。

■ 喜 鹊

　　喜鹊（学名：*Pica pica*）是向海常见的一种鸟。喜鹊共有10个亚种，雌雄羽色相似，头、颈、背至尾均为黑色，并自前向后分别呈现紫色、绿蓝色、绿色等光泽，双翅黑色，翼肩有一大形白斑，尾较翅长，呈楔形，嘴、腿、脚纯黑色，腹面以胸为界，前黑后白。

分布范围　分布范围很广，除南极洲、非洲、南美洲与大洋洲外，几乎遍布世界各大陆。

种群现状　该物种分布范围广，不接近物种生存的脆弱濒危临界值标准。

保护级别　列入《世界自然保护联盟（IUCN）濒危物种红色名录》ver 3.1（2012）——无危（LC）。列入《国家保护的有益的或者有重要经济、科学研究价值的陆生野生动物名录》。

生活习性　除繁殖期间成对活动外，常成小群活动，秋冬季节常集成数十只的大群。性情机警，觅食时常有一只鸟负责守卫。

灰喜鹊

灰喜鹊（学名：*Cyanopica cyana*）的外形酷似喜鹊，但形体稍小。目前，在向海有分布但并不常见。它的嘴、脚黑色，额至后颈黑色，背灰色，两翅和尾部灰蓝色。尾长，呈凸状，有白色端斑，下体灰白色。

分布范围 主要分布在中国北方多地以及长江中、下游地区。

种群现状 该物种分布范围广，不接近物种生存的脆弱濒危临界值标准。

保护级别 列入《世界自然保护联盟（IUCN）濒危物种红色名录》ver 3.1（2012）——无危。列入《国家保护的有益的或者有重要经济、科学研究价值的陆生野生动物名录》。

生活习性 著名的益鸟之一。以动物性食物为主，兼食一些乔灌木的果实及种子。

■ 乌鸦

乌鸦（学名：*Corvus sp*）的嘴大，喜欢鸣叫，性情凶猛。为雀形目鸟中个体最大的，是向海一种常见的鸟。羽毛大多黑色或黑白两色，有的有鲜明的白色颈圈，黑羽具紫蓝色金属光泽。嘴、腿及脚纯黑色。

分布范围　除南美洲、南极洲和大洋洲的新西兰外，几乎遍布于全世界。

种群现状　除夏威夷乌鸦等少数物种处于濒危状态外，其余物种分布范围广，不接近物种生存的脆弱濒危临界值标准。

保护级别　列入《世界自然保护联盟（IUCN）濒危物种红色名录》ver 3.1（2016）——低危（LC）。

生活习性　喜群栖，集群性强。群居在树林中或田野间，为森林草原鸟，主要在地上觅食，步态稳重。除少数种类外，常结群营巢，并在秋冬季节混群游荡。

鹪鹩

　　鹪鹩（学名：*Troglodytes*）是一种小型鸣禽，在向海树林间时常可见。它的头部浅棕色，有黄色眉纹。上体栗棕色，布满黑色细斑。整体棕红褐色，胸腹部颜色略浅。嘴长直而较细弱，先端稍曲。

分布范围　分布在中国、阿富汗、阿尔巴尼亚、阿尔及利亚、安道尔、亚美尼亚、奥地利、阿塞拜疆、白俄罗斯、比利时、百慕大、不丹、加拿大、克罗地亚、塞浦路斯、捷克、丹麦、埃及等国家和地区。

种群现状　种群数量较普遍，应注意保护。

保护级别　列入《世界自然保护联盟（IUCN）濒危物种红色名录》ver 3.1（2014）——无危（LC）。

生活习性　一般独自或成双或以家庭集小群进行活动。常从低枝逐渐跃向高枝，尾巴翘得很高。歌声嘹亮，尤其是雄鸟，这是一种善于鸣叫的禽。

棕眉山岩鹨

棕眉山岩鹨（学名：*Prunella montanella*）在向海的林间偶尔可以看到。有一长而宽阔的皮黄色眉纹在黑色的头部极为醒目。背、肩栗褐色，具黑褐色纵纹。两翅黑褐色，翅膀上有黄白色的翅斑。下体黄褐色或皮黄色，胸侧和两胁杂有细的栗褐色纵纹。

分布范围 在中国是冬候鸟，主要越冬于辽宁、内蒙古、河北、北京、山东、河南、陕西、宁夏、青海、甘肃，偶尔至上海和四川。迁徙期间经过内蒙古、黑龙江、吉林等地。

种群现状 全球种群规模尚未量化。

保护级别 列入《世界自然保护联盟（IUCN）濒危物种红色名录》ver 3.1（2016）——无危（LC）。列入《伯尔尼公约》（Bern Convention）附录Ⅱ。列入《国家保护的有益的或者有重要经济、科学研究价值的陆生野生动物名录》。

生活习性 常单独、成对或成小群活动。在地上奔跑迅速，善藏匿，很少鸣叫，遇人很远即飞。

白喉矶鸫

白喉矶鸫（学名：*Monticola gularis*）是一种小型鸟，在向海分布较少，不常见。雄鸟头顶和翅上覆羽为蓝色，背、两翅和尾黑色有白色翅斑，腰和下体栗色，喉白色。雌鸟上体橄榄褐色有黑色鳞状斑，头顶灰褐色，喉白色。

分布范围 在中国繁殖于内蒙古东北部呼伦贝尔市、黑龙江小兴安岭和牡丹江及张广才岭、吉林长白山、北京西山、河北东陵，越冬于我国东南沿海地区。

种群现状 全球的种群数量还未量化。

保护级别 列入《世界自然保护联盟（IUCN）濒危物种红色名录》ver 3.1（2016）——无危（LC）。

生活习性 单独或成对活动。性情机警而隐蔽，常站在岩顶或树枝茂密的枝叶间鸣叫，鸣声清脆婉转、悦耳动听，极富音韵。

■ 红尾鸫

红尾鸫（学名：*Turdus naumanni*）在向海是森林中一种常见的鸟。体背颜色以棕褐为主。下体白色，胸部有一圈红棕色斑纹，两肋有红棕色点斑；眼上有清晰的白色眉纹。

分布范围 分布在中国、奥地利、白俄罗斯、比利时、克罗地亚、塞浦路斯、捷克、朝鲜、丹麦、法罗群岛、芬兰、法国、德国、匈牙利、以色列、意大利、日本、哈萨克斯坦、韩国、科威特等国家和地区。

种群现状 该物种分布范围广，不接近物种生存的脆弱濒危临界值标准。

保护级别 列入《国家保护的有益的或者有重要经济、科学研究价值的陆生野生动物名录》。

生活习性 为迁徙性鸟。通常在森林、灌丛、草原环境活动，以昆虫为主食，也进食部分浆果。

斑鸫 ■

斑鸫（学名：*Turdus naumanni*）是向海一种常见的鸟，数量较多。斑鸫有2个亚种，羽色变化较大，其中北方亚种体色较暗，上体从头至尾暗橄榄褐色，杂有黑色。下体白色，喉、颈侧、两胁和胸部有黑色斑点。眉纹白色，翅下覆羽和腋羽棕色。

分布范围　分布于中国黑龙江、吉林、辽宁、河北、北京、山东、山西、江苏、江西、湖北、湖南、陕西、四川、甘肃、内蒙古、青海、新疆、贵州、云南、广东、福建、海南等地，长江流域和长江以南地区为冬候鸟，长江以北为旅鸟。

种群现状　种群数量丰富，是最常见的冬候鸟和旅鸟之一。

保护级别　列入《世界自然保护联盟（IUCN）濒危物种红色名录》ver 3.1（2013）——无危（LC）。

生活习性　冬季主要见于长江以南地区，迁徙期间遍及全国。在3月末至4月中旬进入迁徙高峰，5月初以后一般很难见到该鸟。

■ 灰背鸫

　　灰背鸫（学名：*Turdus hortulorum*）是向海一种常见的鸟，生活筑巢在矮树上。它的上体石板灰色，颏、喉灰白色，胸淡灰色，两胁和翅下覆羽橙栗色，腹白色，两翅和尾部为黑色。

分布范围　在中国主要分布于黑龙江的小兴安岭、大兴安岭、完达山、张广才岭、山河屯、帽儿山、带岭，吉林的长白山、抚松、长白、和龙、安图、敦化，辽宁的清原、新宾、桓仁、宽甸、丹东、本溪、东沟、庄河、大连、鞍山、沈阳、朝阳，以及湖南，浙江，福建，广东等地。

种群现状　主要在中国东北和邻近的俄罗斯远东地区繁殖，在南部越冬，迁徙期间经过东部大部分地区，是较常见的一种区域性候鸟，种群数量较为丰富。

保护级别　列入《世界自然保护联盟（IUCN）濒危物种红色名录》ver 3.1（2012）——无危（LC）。列入《国家保护的有益的或者有重要经济、科学研究价值的陆生野生动物名录》。

生活习性　在中国北方为夏候鸟，南方为旅鸟或冬候鸟。善于在地面上跳跃行走和觅食。

白眉鸫

　　白眉鸫（学名：*Eyebrowed Thrush*）是一种中型鸟，在向海成片的杨树林中时常可见。雄鸟的头和颈为褐色，有长而显著的白色眉纹，眼下有一白斑，上体橄榄褐色。雌鸟的头和上体为橄榄褐色，喉白色而有褐色条纹。其余和雄鸟相似。

分布范围　在中国繁殖于内蒙古东北部，黑龙江大兴安岭、小兴安岭、张广才岭，吉林长白山等地；迁徙或越冬于辽宁、河北、河南、山东、山西、内蒙古、宁夏、甘肃、青海、四川、陕西、江苏、湖北、湖南、贵州、云南、广西、福建、海南等地。

种群现状　在中国种群数量不丰富。

保护级别　列入《世界自然保护联盟（IUCN）濒危物种红色名录》ver 3.1（2013）——无危（LC）。

生活习性　在中国北方为夏候鸟，南方为旅鸟或冬候鸟。常单独或成对活动，迁徙季节亦成群。性情胆怯，常躲藏。

■ 红胁蓝尾鸲

红胁蓝尾鸲（学名：*Tarsiger cyanurus*）在向海的林中每年春秋两季经常可见。雄鸟上体蓝色，眉纹白。雌鸟褐色，尾蓝。食虫鸟，在森林保护中具有重要意义。

分布范围　在中国主要繁殖于东北和西南地区，越冬于长江流域和长江以南广大地区。

种群现状　种群数量较普遍，应注意保护。

保护级别　列入《世界自然保护联盟（IUCN）濒危物种红色名录》ver 3.1（2012）——无危（LC）。列入《国家保护的有益的或者有重要经济、科学研究价值的陆生野生动物名录》。

生活习性　常单独或成对活动，有时结成小群，性甚隐匿。停歇时常上下摆尾。在中国繁殖和越冬，既是夏候鸟，也是冬候鸟。

黑喉石䳭

黑喉石䳭（学名：*Saxicola torquata*）是鹟科石䳭属的一种鸟，每年春季在向海的湿地、水塘边的水草丛经常可以看到。雄鸟头部、喉部及飞羽黑色，颈及翼上具粗大的白斑，腰白，胸棕色。雌鸟色较暗而无黑色，喉部浅白色。

分布范围　在中国分布于内蒙古、宁夏、新疆、甘肃、青海、四川、陕西、湖北、广西、贵州、云南、西藏、浙江、云南、湖南、福建、广东、海南等地。

种群现状　种群分布集中，且数量发展趋于稳定。

保护级别　列入《世界自然保护联盟（IUCN）濒危物种红色名录》ver 3.1（2015）——无危（LC）。

生活习性　常单独或成对活动。平时喜欢站在灌木枝头和小树顶枝上，有时也站在田间或路边电线上和农作物梢端，并不断地扭动着尾羽。主要以昆虫为食。

■ 红点颏

　　红点颏（学名：*Luscinia calliope*）又名红喉歌鸲。夏天在向海灌木丛中时常可见。雄鸟的头部、上体主要为橄榄褐色。眉纹白色。颏部、喉部红色，周围有黑色狭纹。胸部灰色，腹部白色。雌鸟颏部、喉部不是红色，而是白色。

分布范围　繁殖于中国东北、青海东北部至甘肃南部及四川。越冬于中国南方及海南岛等地。

种群现状　该物种分布范围广，不接近物种生存的脆弱濒危临界值标准。

保护级别　列入《世界自然保护联盟（IUCN）濒危物种红色名录》ver 3.1（2013）——无危（LC）。

生活习性　属迁徙性鸟，夏天在中国最北边繁殖，秋末迁徙到最南部越冬。在夜间靠星象及磁场导航迁徙，白天休息。

北红尾鸲 ■

北红尾鸲（学名：*Phoenicurus auroreus*）是一种小型鸟，在向海有分布，但不常见。雄鸟头顶至背为石板灰色，下背和两翅黑色有明显的白色翅斑。腰、尾上覆羽和尾部橙棕色。雌鸟上体橄榄褐色，两翅黑褐色有白斑，眼圈微白，下体暗黄褐色。

分布范围 在中国主要分布于黑龙江、吉林、辽宁、内蒙古东北部、北京、河北北部、山西北部、陕西南部、宁夏、青海东部和南部、云南西北部和西部以及西藏南部，越冬于长江以南，包括四川南部、云南南部、西藏南部、海南等地。

种群现状 该物种分布范围广，不接近物种生存的脆弱濒危临界值标准。

保护级别 列入《世界自然保护联盟（IUCN）濒危物种红色名录》ver 3.1（2012）——无危（LC）。

生活习性 在中国主要为夏候鸟，部分为冬候鸟。常单独或成对活动。行动敏捷，频繁地在地上和灌木丛间跳来跳去啄食虫子，偶尔也在空中飞翔捕食。

红尾水鸲

红尾水鸲（学名：*Rhyacornis fuliginosus*）是鹟科水鸲属的小型鸟，在向海有过记录，湿地中十分罕见。雄鸟通体大都暗灰蓝色，翅黑褐色，尾羽和尾部的上、下覆羽均为栗红色。雌鸟上体灰褐色，翅膀为褐色，有两道白色点状斑，尾羽白色。

分布范围 在中国分布于华北、华东、华中、华南、西南、海南等地。

种群现状 该物种分布范围广，不接近物种生存的脆弱濒危临界值标准。

保护级别 列入《世界自然保护联盟（IUCN）濒危物种红色名录》ver 3.1（2013）——无危（LC）。

生活习性 常单独或成对活动。多站立在水边或水中石头上，有时也落在村庄的房顶上。停立时尾常不断地上下摆动，还间或将尾散成扇状，并左右来回摆动。

文须雀

文须雀（学名：*Panurus biarmicus*）是小型鸟，在向海自然保护区核心区偶尔可以看到。嘴黄色、直而尖，脚黑色。上体棕黄色，翅黑色有白色翅斑，外侧尾羽白色。雄鸟头部为灰色，眼周黑色并向下与黑色髭纹连在一起，形成黑斑，在淡色的头部极为醒目。下体白色。

分布范围　在中国分布于新疆、青海、甘肃、内蒙古及东北北部（夏候鸟），在东北南部及河北为冬候鸟，数量较多。

种群现状　该物种分布范围非常广，不接近物种生存的脆弱濒危临界值标准。

保护级别　列入《世界自然保护联盟（IUCN）濒危物种红色名录》ver 3.1（2012）——无危（LC）。

生活习性　留鸟，食物主要为昆虫、蜘蛛，还有芦苇种子等。

211

■ 画眉鸟

画眉鸟（学名：*Garrulax canorus*）是雀形目画眉科的一种鸟，在向海有分布，但数量稀少，不常见。全身大部分为棕褐色。头顶至上背有黑褐色的纵纹，眼圈白色并向后延伸成狭窄的眉纹。

分布范围 常见于华中、华南及东南的灌丛及次生林，高可至海拔1800米。

种群现状 该物种分布范围广，不接近物种生存的脆弱濒危临界值标准。

保护级别 列入《世界自然保护联盟（IUCN）濒危物种红色名录》ver 3.1（2013）——无危（LC）。

生活习性 生活在中国长江以南的山林地区，喜在灌木丛中穿飞和栖息，常在林下的草丛中觅食，不善远距离飞翔。

戴菊

戴菊（学名：*Regulus regulus*）是小型鸟，在向海有分布，但并不常见。它的头顶中央有柠檬黄色或橙黄色的羽冠，两侧有明显的黑色侧冠纹，眼周灰白色。腰和尾部的覆羽为黄绿色，两翅和尾部黑褐色。下体白色，羽端为黄色，初级和次级飞羽羽缘淡黄绿色。

分布范围　在中国主要分布于新疆、青海、甘肃、陕西、四川、贵州、云南、西藏、黑龙江和吉林长白山等地，迁徙或越冬于辽宁、河北、河南、山东、甘肃、青海、江苏、浙江、福建等地。

种群现状　在中国分布较广，种群数量较丰富。

保护级别　列入《世界自然保护联盟（IUCN）濒危物种红色名录》ver 3.1（2012）——无危（LC）。列入《国家保护的有益的或者有重要经济、科学研究价值的陆生野生动物名录》。

生活习性　主要为留鸟，部分游荡或迁徙。除繁殖期单独或成对活动外，其他时间多成群。性活泼好动，行动敏捷，常在针叶树枝间跳来跳去或飞飞停停地觅食，并不断发出尖细的叫声。

■ 东方大苇莺

东方大苇莺（学名：*Acrocephalus orientalis*）是一种常见的鸟，生活在向海湿地的芦苇中，它是形体略大的褐色苇莺。有显著的皮黄色眉纹。

分布范围 分布在中国内蒙古、黑龙江、吉林、辽宁、北京、河北、山东、河南、山西、江西、甘肃、新疆、宁夏、陕西、贵州、云南、四川、广西、浙江、福建（夏候鸟，旅鸟）、广东、海南。

种群现状 该物种分布范围广，不接近物种生存的脆弱濒危临界值标准。

保护级别 列入《世界自然保护联盟（IUCN）濒危物种红色名录》ver 3.1（2012）——无危（LC）。

生活习性 喜欢在芦苇、稻田、沼泽及次生灌木丛中栖息、筑巢。

巨嘴柳莺

巨嘴柳莺（学名：*Phylloscopus schwarzi*）在向海有分布，但并不常见。它的嘴形厚似山雀。常隐匿并取食于地面，看似笨拙沉重。尾及两翼常神经质地抽动。

分布范围　繁殖于东北亚。越冬于中国南方，是常见的季候鸟。在中国东北大小兴安岭繁殖，迁徙时经华东及华中。冬季鲜见于广东及香港。

种群现状　巨嘴柳莺是单型种，迄今尚无亚种分化。

保护级别　列入《国家保护的有益的或者有重要经济、科学研究价值的陆生野生动物名录》。

生活习性　在繁殖季节，雄鸟常站在灌木丛或小树顶端，从早到晚鸣叫不停，尤其是上午鸣叫频繁。

黄腰柳莺

黄腰柳莺（学名：*Phylloscopus proregulus*）是小型鸟，在向海树林中比较常见。它的上体橄榄绿色，头顶中央有一道淡黄绿色纵纹，眉纹黄绿色。腰部有明显的黄带，翅上两条深黄色翼斑明显，腹部白色。

分布范围 分布中国新疆、甘肃、青海、宁夏、西藏、云南、内蒙古、黑龙江、吉林。迁徙期间或越冬于辽宁、贵州、四川、河北、北京、浙江、福建、广西、广东、海南等地。

种群现状 该物种分布范围广，不接近物种生存的脆弱濒危临界值标准。

保护级别 列入《世界自然保护联盟（IUCN）濒危物种红色名录》ver 3.1（2016）——无危（LC）。列入《国家保护的有益的或者有重要经济、科学研究价值的陆生野生动物名录》。

生活习性 单独或成对活动在高大的树冠层中。性情活泼、行动敏捷。由于个体较小，加之茂密树叶的遮挡，很难被发现。常与黄眉柳莺和戴菊混群活动，食物主要是昆虫。

黑眉柳莺

黑眉柳莺（学名：*Phylloscopus ricketti*）是小型鸟，在向海芦苇荡中偶尔可以看到。它的上体橄榄绿色，头顶两侧各有一条黑色侧冠纹，眉纹黄色，贯眼纹黑色。翅上有两道淡黄色的斑。下体亮黄色，两胁为绿色。

分布范围 在中国主要分布于四川、贵州、云南、湖北、湖南、广东、广西、福建、海南等地。

种群现状 该物种分布范围非常广，不接近物种生存的脆弱濒危临界值标准。种群数量趋势稳定。

保护级别 列入《世界自然保护联盟（IUCN）濒危物种红色名录》ver 3.1（2012）——无危（LC）。列入《国家保护的有益的或者有重要经济、科学研究价值的陆生野生动物名录》。

生活习性 除繁殖期间单独或成对活动外，其他时候多成群活动，也常与其他小鸟混群。性情活泼，常在树上枝叶间跳来跳去，也在林下灌木丛中活动和觅食。

黄眉柳莺

黄眉柳莺（学名：*Phylloscopus inornatus*）是鹟科柳莺属的一种鸟，在向海林间时常可以看到。它的背羽以橄榄绿色或褐色为主，下体淡白，嘴细尖。

分布范围 主要分布在中国新疆、内蒙古、黑龙江、吉林、甘肃、宁夏、青海、西藏、四川、云南等地。

种群现状 该物种分布范围广，不接近物种生存的脆弱濒危临界值标准，种群数量趋势稳定。

保护级别 列入《国家保护的有益的或者有重要经济、科学研究价值的陆生野生动物名录》。

生活习性 常单独或三五成群活动，但迁徙期间可见集大群活动。觅食各种树上的蚜虫及其他小型昆虫。

须苇莺

　　须苇莺（学名：*Acrocephalus melanopogon*）是苇莺科苇莺属的鸟，形似东方大苇莺，向海的湿地、芦苇荡或荷花池中，时常可以看到其身影。

分布范围　分布于欧亚大陆及非洲北部，印度次大陆及中国西南等地区。

种群现状　受威胁程度较低。

保护级别　列入《世界自然保护联盟（IUCN）红色名录》无危物种。

生活习性　苇塘及沼泽地常见的食虫鸟，主要以蜘蛛、蚁类、豆粮、甲虫以及蜗牛为食。

白眉姬鹟

　　白眉姬鹟（学名：*Ficedula zanthopygia*）是小型鸟，在向海有分布，但并不常见。雄鸟上体大部黑色，眉纹白色，在黑色的头上极为醒目。腰鲜黄色，翅上有白斑。下体鲜黄色。雌鸟上体大部橄榄绿色。腰鲜黄色，翅上也有白斑。下体淡黄绿色。

分布范围　分布在中国、印度尼西亚、朝鲜、韩国、老挝、马来西亚、新加坡、泰国、越南。

种群现状　该物种分布范围广，不接近物种生存的脆弱濒危临界值标准，种群数量趋势稳定。

保护级别　列入《世界自然保护联盟（IUCN）濒危物种红色名录》ver 3.1（2012）——无危（LC）。列入《国家保护的有益的或者有重要经济、科学研究价值的陆生野生动物名录》。

生活习性　在中国长江以北以及四川和贵州地区主要为夏候鸟，长江以南地区多为旅鸟。

煤山雀 ■

煤山雀（学名：*Parus ater*）在向海广袤的森林间时常可以看到。煤山雀共有21个亚种，喙短钝，略呈锥状。腿、脚健壮，爪钝，羽松软，雌雄羽色相似。

分布范围　分布在中国、亚美尼亚、阿富汗、阿尔巴尼亚、阿尔及利亚、安道尔、亚美尼亚、奥地利、阿塞拜疆、白俄罗斯、马其顿、黑山、摩洛哥、缅甸等国家和地区。

种群现状　该物种分布范围广，不接近物种生存的脆弱濒危临界值标准，种群数量趋势稳定。

保护级别　列入《世界自然保护联盟（IUCN）濒危物种红色名录》ver 3.1（2012）——无危（LC）。列入《国家保护的有益的或者有重要经济、科学研究价值的陆生野生动物名录》。

生活习性　性情较活泼，不惧怕人。除繁殖期间成对活动外，其他季节多聚小群，有时也和其他山雀混群。

■ 沼泽山雀 ▬▬▬▬

　　沼泽山雀（学名：*Parus palustris*）是山雀科山雀属的一种鸟，在向海有分布，但并不常见。头顶黑色，头侧白色。喙尖而细长，上体灰褐色，腹面灰白色，中央无黑色纵带。

分布范围　在中国分布于东北三省，华北的河北、北京、山西，西部的陕西、甘肃、西藏，南方的安徽、湖北、云南、贵州、四川。

种群现状　在原产地的捕捉有可能会对本物种的生存构成威胁，造成野外种群的灭绝。

保护级别　列入《国家保护的有益的或者有重要经济、科学研究价值的陆生野生动物名录》。

生活习性　典型的食虫鸟。

大山雀 ▪

大山雀（学名：*Parus major*）是向海一种常见的鸟，在林间经常可以看到。它的整个头部为黑色，头两侧各有一大型白斑。上体蓝灰色，背沾绿色。下体白色，胸、腹有一条宽阔的中央纵纹与颏、喉黑色相连。

分布范围 在中国主要分布于黑龙江、吉林、辽宁、内蒙古东北部和东南部、河北、山西、贵州、云南、浙江、福建、广东、广西和海南等地。

种群现状 在中国分布较广，种群数量较丰富，是较为常见的森林益鸟之一。由于它们大量捕食各类森林昆虫，在控制森林虫害发生方面意义很大。因而东北一些省区已将它列为地区保护鸟类。

保护级别 列入《世界自然保护联盟（IUCN）濒危物种红色名录》ver 3.1（2016）——无危（LC）。列入《国家保护的有益的或者有重要经济、科学研究价值的陆生野生动物名录》。

生活习性 在我国各地均为留鸟，部分秋冬季在小范围内游荡。性情活泼，不惧怕人。

■ 普通䴓

　　普通䴓（学名：*Sitta europaea*）为小型鸣禽，叫声多变悦耳，是向海沙丘间的矮树丛中常见的一种鸟。体色灰蓝，腹面棕色，头颈两侧可见黑色纹，由鼻孔一直伸到颈侧，尾羽短。

分布范围　分布在中国、阿尔巴尼亚、安道尔、亚美尼亚、奥地利、阿塞拜疆、白俄罗斯、比利时、意大利、日本、哈萨克斯坦、韩国、朝鲜等国家和地区。

种群现状　喜居于高大的乔木、针阔混交林和阔叶林中，在森林草原的高大栎树林里及公园内也有分布。有时也活动于村落附近的树丛中，或在低山丘陵地带的森林中。

保护级别　列入《世界自然保护联盟（IUCN）濒危物种红色名录》ver 3.1（2009）——无危（LC）。

生活习性　在冬季有储存食物的习性。是一种栖息于落叶树林及公园地方的留鸟，常于老树上筑巢。

旋木雀

旋木雀（学名：*Certhia familiaris*）是小型鸟，在向海常见，多活动在高大的树上，身体紧贴树干觅食。它的嘴长而下曲，上体棕褐色有白色纵纹，腰和尾部覆羽红棕色。翅黑褐色，下体白色。有很硬且尖的楔形尾，似啄木鸟，在树上活动和觅食时起支撑作用。

分布范围　分布在欧洲大部和亚洲部分地区。

种群现状　欧洲的旋木雀种群趋于稳定，但种群数的小幅波动可能与食物供应的增减有关。

保护级别　列入《世界自然保护联盟（IUCN）濒危物种红色名录》ver 3.1（2012）——无危（LC）。

生活习性　全年常驻同一地区的留鸟，昼行性，白天活跃，夜间结群而居。有垂直向树干上方爬行觅食的特殊习性。

中华攀雀

　　中华攀雀（学名：*Remiz consobrinus*）喜欢营巢在高大的杨树之上，每年春夏繁殖。其巢筑成后就像一个小箩筐，极其精致，因此获得"鸟类建筑师"的美称。

分布范围　主要分布在中国、俄罗斯、日本等国家和地区。

种群现状　属濒危鸟，需要加强保护。

保护级别　列入《国家保护的有益的或者有重要经济、科学研究价值的陆生野生动物名录》。

生活习性　栖息于高山针叶林或混交林间，也活动于低山开阔的村庄附近。冬季成群，叫声为柔细的哨音。

交嘴雀

交嘴雀（学名：*Loxia*）又名交喙鸟、青交嘴。在向海有分布，目前并不常见。喜欢在云杉、白桦林中生活，经常结群游荡。最显著的特征是上下嘴交叉，它们用嘴撬起开口的松果以便取得种子。

分布范围　亚种在中国可能繁殖于黑龙江的小兴安岭，越冬往南迁至辽宁及河北。可能也出现于新疆北部的阿尔泰山。

种群现状　该物种分布范围广，种群数量较丰富，不接近物种生存的脆弱濒危临界值标准。

保护级别　列入《国家保护的有益的或者有重要经济、科学研究价值的陆生野生动物名录》。

生活习性　冬季游荡且部分鸟结群迁徙。飞行迅速，倒悬进食。

■ 燕雀

燕雀（学名：*Fringilla montifringilla*）是小型鸟，在向海树林中偶尔可以看到。它的嘴粗壮而尖，呈圆锥状。雄鸟从头至背灰黑色，背有黄褐色羽缘。腰白色，颏、喉、胸橙黄色。雌鸟和雄鸟大致相似，但体色较浅淡。

分布范围　当前在中国除青藏高原和海南外，均有分布。

种群现状　该物种分布范围广，种群数量较丰富，不接近物种生存的脆弱濒危临界值标准。

保护级别　列入《世界自然保护联盟（IUCN）濒危物种红色名录》ver 3.1（2012）——无危（LC）。列入《国家保护的有益的或者有重要经济、科学研究价值的陆生野生动物名录》。

生活习性　在中国主要为冬候鸟和旅鸟。除繁殖期间成对活动外，其他季节多成群活动。取食昆虫，对森林有益。

麻雀 ■

麻雀（学名：*Passer montanus*）俗名家雀，是向海十分常见的一种鸟。雌雄同色，显著特征为黑色喉部、白色脸颊上具黑斑、栗色头部。

分布范围 分布于全世界（除南、北极）。麻雀原产于欧洲、非洲和亚洲。在美洲、澳大利亚和世界其他地区，人类定居后引进了一些物种，特别是在城市和人类居住区，迅速归化。

种群现状 该物种分布范围广，不接近物种生存的脆弱濒危临界值标准。

保护级别 列入《世界自然保护联盟（IUCN）濒危物种红色名录》ver 3.1（2013）——无危（LC）。

生活习性 麻雀多活动在有人居住的地方，性极活泼，胆大易近人，但警惕性却非常高，好奇心较强。多营巢于人类的房屋处，如屋檐、墙洞，有时会占领家燕的窝巢。

■ 银喉长尾山雀

　　银喉长尾山雀（学名：*Aegithalos caudatus*）俗称十姐妹。在向海有分布，但不常见。冬季全身绒毛较厚。头顶黑色具浅色纵纹，头和颈侧呈葡萄棕色，背灰或黑色，翅黑色并具白边，下体淡葡萄红色，部分喉部具银灰色斑，尾较长。是罗马尼亚的国鸟。

分布范围　在中国分布于北京、河北、山东、山西、内蒙古、黑龙江、吉林、辽宁、江苏、安徽、浙江、湖北、湖南、河南、陕西、甘肃、青海、新疆、四川和云南等地。

种群现状　在中国是常见的森林鸟之一。在黑龙江、吉林为留鸟。

保护级别　列入《世界自然保护联盟（IUCN）濒危物种红色名录》ver 3.1（2013）——无危（LC）。列入《国家保护的有益的或者有重要经济、科学研究价值的陆生野生动物名录》。

生活习性　主要啄食昆虫。在东北地区，除啄食少量蜘蛛和小的蜗牛外，主要取食落叶松鞘蛾、天蛾、尺蠖等危害森林的害虫。

金翅雀

金翅雀（学名：*Chloris sinica*）是小型鸟，在向海的林间偶尔可见。嘴细直而尖，头顶暗灰色。背部栗褐色有暗色羽干纹，腰金黄色，尾下覆羽和尾基金黄色，翅上翅下都有一块大的金黄色块斑，无论站立还是飞翔时看起来都特别醒目。

分布范围　在中国分布于黑龙江、吉林、辽宁、内蒙古东北部、河北、河南、山西，一直往南到广东、福建，西至甘肃、宁夏、青海、四川。

种群现状　全球种群数量尚未确定，但该物种被描述为常见或局部常见。如果没有任何下降或严重威胁的证据，则认为种群数量稳定。

保护级别　列入《世界自然保护联盟（IUCN）濒危物种红色名录》ver 3.1（2017）——无危（LC）。列入《国家保护的有益的或者有重要经济、科学研究价值的陆生野生动物名录》。

生活习性　常单独或成对活动，秋冬季节结成群，有时集群多达数十只甚至上百只。主要以植物果实、种子和谷粒等农作物为食。

白翅交嘴雀

白翅交嘴雀（学名：*Loxia leucoptera*）为雀科交嘴雀属的一种鸟。目前，在向海很少见。多见于山区森林，多栖于山地针叶林，也见于针阔混交林中。

分布范围 在中国分布于大兴安岭阿龙山、小兴安岭、长白山等地。

种群现状 该物种分布范围广，不接近物种生存的脆弱濒危临界值标准。

保护级别 列入《国家保护的有益的或者有重要经济、科学研究价值的陆生野生动物名录》。

生活习性 倒悬进食，用交嘴嗑开松子。冬季游荡且部分鸟结群迁徙。飞行迅速。

白腰朱顶雀

　　白腰朱顶雀（学名：*Carduelis flammea*）又称普通朱顶雀，俗名苏雀。在向海有分布，但不常见。

分布范围　在中国分布于东北、宁夏(永宁)、新疆(天山)、华北、华东。在国外分布于近北极地区、加拿大、俄罗斯、日本、朝鲜半岛。

种群现状　每年9月末迁到我国东北，其中一部分留在长白山区越冬，至翌年4月初离去。

保护级别　列入《国家保护的有益的或者有重要经济、科学研究价值的陆生野生动物名录》。

生活习性　栖息于溪边丛生柳林、沼泽化的多草疏林内，也游荡和迁徙于各种乔木杂林和林缘的农田及果园中。结群生活，不怕人。

北朱雀

北朱雀（学名：*Carpodacus roseus*）俗名靠山雀，在向海的树林中偶尔可以看到。一般栖息于山区针阔混交林、阔叶林和丘陵的杂木林中，也见于平原的榆、柳林中，一般在低海拔地区活动。

分布范围　冬季迁至中国北方、日本、朝鲜及哈萨克斯坦北部。不常见冬候鸟于我国北部及东部。

种群现状　该物种分布范围广，不接近物种生存的脆弱濒危临界值标准。

保护级别　列入《国家保护的有益的或者有重要经济、科学研究价值的陆生野生动物名录》。

生活习性　在中国不繁殖。多以家族群迁徙，不怕人，鸣声洪亮婉转。取食杂草种子、浆果和叶。

松雀

松雀（学名：*Pinicola enucleator*）在向海有分布，但目前并不常见。为雀科松雀属的鸟。多生活于北方寒冷地区、山地森林，尤喜在针叶林和针阔混交林中。

分布范围　繁殖在北美、欧洲及亚洲的针叶林，一般在北纬65°以北的地区。冬季南迁。

种群现状　非常罕见。亚种偶见在黑龙江越冬。

保护级别　列入《国家保护的有益的或者有重要经济、科学研究价值的陆生野生动物名录》。列入我国"三有"保护鸟类。

生活习性　冬天常常结成小群到山下。不怕人，主要以松子为食。

红腹灰雀

　　红腹灰雀（学名：*Pyrrhula pyrrhula*）在向海非常罕见，迁徙途中短暂停留。欧亚大陆有6种色彩鲜艳的红腹灰雀。

分布范围　分布于欧亚大陆的温带区。指名亚种迁徙时有记录于中国东北。亚种越冬于西北部天山、黑龙江南部、辽宁及河北北部等地。

种群现状　在中国罕见，需要加强保护。

保护级别　列入我国"三有"保护鸟类。受威胁程度较低，保护现状比较安全。

生活习性　多栖息于山区的白桦林和次生林区，以及冬季至海拔800米以下的针阔混交林和平原的杂木林中。冬季通常结小群活动。

黄腹山雀

　　黄腹山雀（学名：*Parus venustulus*）是小型鸟，在向海低矮的灌木丛中偶尔可见。雄鸟头部和上背黑色，脸颊和后颈各有一白色块斑，极为醒目。下背、腰亮蓝灰色，翅上覆羽黑褐色，中覆羽和大覆羽有黄白色端斑。

分布范围　中国特产鸟，分布于甘肃西南部，陕西南部秦岭太白山，四川北部平武、南坪，中部雅安、峨眉、宝兴、乐山，南部泸县，西部康定，西南部峨边、马边、甘洛、西昌。

种群现状　全球种群未量化，在原产地属局域常见物种。该鸟在我国分布广泛，种群数量局部地区较丰富。

保护级别　列入《世界自然保护联盟（IUCN）濒危物种红色名录》ver 3.1（2016）——无危（LC）。列入《国家保护的有益的或者有重要经济、科学研究价值的陆生野生动物名录》。

生活习性　除繁殖期成对或单独活动外，其他时候成群，在高大的阔叶树或针叶树上觅食，有时也与大山雀等其他鸟混群。

■ 锡嘴雀

　　锡嘴雀（学名：*Coccothraustes coccothraustes*）又名蜡嘴雀、铁嘴蜡子。在向海有分布，但不多见。栖息于平原或低山阔叶林中，成群活动。

分布范围　在中国分布于内蒙古东北部和东南部、黑龙江、吉林、辽宁、河北、山东，一直到长江中下游和东南沿海的浙江、福建、广东等地，西至四川、贵州、青海、甘肃、宁夏等地。其中在东北大小兴安岭和长白山地区为繁殖鸟，并有部分终年为留鸟，其他为旅鸟或冬候鸟。

种群现状　在中国的种群数量局部地区较丰富。

保护级别　列入《世界自然保护联盟（IUCN）濒危物种红色名录》ver 3.1（2012）——无危（LC）。列入《国家保护的有益的或者有重要经济、科学研究价值的陆生野生动物名录》。

生活习性　多单独或成对活动，非繁殖期则喜成群，有时集成多达数十只甚至上百只的大群。性情大胆，不怕人。

黄雀

黄雀（学名：*Carduelis spinus*）又名黄莺，是向海常见的一种鸟。夏天飞到中国东部地区繁殖，冬季南迁印度、斯里兰卡和马来半岛等地越冬。

分布范围　在中国东北北部和江苏镇江为繁殖鸟；东北南部、内蒙古东部、河北、河南、山东和江苏为旅鸟，少数为冬候鸟；在浙江、福建、广东及四川南充、万县和贵州惠水等地为冬候鸟。

种群现状　繁殖区较为广泛，在我国大兴安岭的根河和阿龙山以北地带进行繁殖。

保护级别　列入《世界自然保护联盟（IUCN）濒危物种红色名录》ver 3.1（2017）——无危（LC）。列入《国家保护的有益的或者有重要经济、科学研究价值的陆生野生动物名录》。

生活习性　除繁殖期间成对生活外，常集结成几十只的群，春秋季迁徙时见有集成大群的现象，繁殖期的活动非常隐蔽。

白眉鹀

　　白眉鹀（学名：*Emberiza tristrami*）为小型鸣禽，在向海有分布，数量比较稀少。喙为圆锥形，雄鸟头部为黑色，中央冠纹、眉纹和一条宽阔的颚纹概为白色，在黑色的头部极为醒目。

分布范围　在中国分布于内蒙古呼伦贝尔市东北部、大兴安岭，黑龙江北部、小兴安岭东北部、佳木斯东部、完达山、牡丹江南部、帽儿山、哈尔滨、齐齐哈尔西部，吉林长白山东部、延边、通化南部、白山、梅河口、长春、白城西部、四平西南部、辽源。

种群现状　该物种分布范围广，不接近物种生存的脆弱濒危临界值标准。

保护级别　列入《世界自然保护联盟（IUCN）濒危物种红色名录》ver 3.1（2012）——无危（LC）。列入《国家保护的有益的或者有重要经济、科学研究价值的陆生野生动物名录》。

生活习性　单个或成对活动，仅在迁徙时集结成小群而从不集成大群；家族群时期很短，性情安静而多疑。

黄喉鹀

黄喉鹀（学名：*Emberiza elegans*）是小型鸣禽，在向海有分布，但数量稀少。雄鸟有短而竖直的黑色羽冠，眉纹自额至枕侧长而宽阔，前段为黄白色、后段为鲜黄色。雌鸟和雄鸟大致相似，但羽色较淡。

分布范围　在中国分布于内蒙古东北部呼伦贝尔市、黑龙江、吉林、辽宁、河北、河南、山东、山西、陕西、湖北、湖南、广西等地。其中东北地区为夏候鸟，陕西、甘肃、宁夏、湖南、湖北、四川、贵州、云南为留鸟，福建、广东等地为冬候鸟，其余地区为旅鸟。

种群现状　该物种分布范围广，不接近物种生存的脆弱濒危临界值标准。

保护级别　列入《国家保护的有益的或者有重要经济、科学研究价值的陆生野生动物名录》。列入《世界自然保护联盟（IUCN）鸟类红色名录》ver 3.1（2009）——无危（LC）。

生活习性　除西南亚种在中国为留鸟不迁徙外，其余两个亚种均迁徙。多沿地面低空飞翔，多在林下层灌丛与草丛中或地上觅食。

小鹀

　　小鹀（学名：*Emberiza pusilla*）是小型鸣禽，在向海常见。它的体羽与麻雀相似，外侧尾羽有较多的白色。雄鸟头部夏羽为栗色。头侧线和耳羽后缘黑色，上体余部大致沙褐色，背部有暗褐色纵纹。下体偏白，胸及两胁有黑色纵纹。雌鸟的冬羽较淡，无黑色头侧线。

分布范围　分布于中国、日本、韩国、朝鲜、老挝、缅甸、俄罗斯、泰国、越南等国家和地区。

种群现状　该物种分布范围广，不接近物种生存的脆弱濒危临界值标准。

保护级别　列入《世界自然保护联盟（IUCN）濒危物种红色名录》ver 3.1（2012）——无危（LC）。列入《国家保护的有益的或者有重要经济、科学研究价值的陆生野生动物名录》。

生活习性　单个或成对活动，仅在迁徙时集结成小群，家族群时期也很短。

田 鹀

田鹀（学名：*Emberiza rustica*）是向海常见的一种鸟。雄鸟头部及羽冠为黑色，有白色的眉纹，耳羽上有一白色小斑点。颊、喉至下体为白色，有栗色的胸环，两胁栗色。雌鸟与雄鸟相似，羽色较浅。

分布范围 在中国主要分布于东北、内蒙古、宁夏、甘肃、河北、陕西、河南、山东、安徽、湖北、湖南、四川、江苏、浙江、福建、新疆等地。

种群现状 该物种分布范围广，不接近物种生存的脆弱濒危临界值标准。

保护级别 列入《世界自然保护联盟（IUCN）濒危物种红色名录》ver 3.1（2009）——无危（LC）。列入《国家保护的有益的或者有重要经济、科学研究价值的陆生野生动物名录》。

生活习性 性情大胆，不怕人，冬季常飞落到农家篱笆上、打谷场、城市里林荫道及庭院的高树上。栖息在树枝上时，常常竖起头上羽毛。

■ 苇鹀

　　苇鹀（学名：*Emberiza pallasi*）在向海湿地的芦苇丛中经常可以看到。雄鸟的后颈上有白领。前颊黑，腰和尾巴上的覆羽均为灰色。雌鸟长有眉纹，前颊白色。

分布范围　在中国主要分布在东北、内蒙古、新疆、宁夏、甘肃、河北、河南、山东、江苏和福建。

种群现状　该物种分布范围广，不接近物种生存的脆弱濒危临界值标准。

保护级别　列入《世界自然保护联盟（IUCN）濒危物种》ver 3.1（2009）——无危（LC）。列入《国家保护的有益的或者有重要经济、科学研究价值的陆生野生动物名录》。

生活习性　中国北方和沿海常见的旅鸟，其生活环境广泛。春季常在平原沼泽地和沿溪的柳丛以及芦苇中活动。秋冬季节多在丘陵、低山区的平坦台地活动，但不进入大的森林中。

黄胸鹀

黄胸鹀（学名：*Emberiza aureola*）是小型鸣禽，又叫禾花雀，是向海非常珍稀的一种鸟。黄胸鹀有2个亚种。额、头顶、头侧、颏及上喉均为黑色。上体余部栗色。中覆羽白色，形成非常明显的白斑。颈和胸部横贯栗褐色带，下体鲜黄色。

分布范围　在中国分布于东北、华北、华中、华东各省区以及西北的部分省区，越冬季节见于西南和华南各省。

种群现状　在中国野生黄胸鹀的种群数量大幅度下降。

保护级别　列入《世界自然保护联盟（IUCN）濒危物种红色名录》ver 3.1（2017）——极危（CR）。列入《国家保护的有益的或者有重要经济、科学研究价值的陆生野生动物名录》。列入《国家重点保护野生动物名录》一级。

生活习性　繁殖于中国东北和俄罗斯西伯利亚地区，越冬于中国东南沿海、南亚和东南亚地区，每年春秋两季迁徙期间都经过我国大部地区。

■ 八哥 ▬▬▬▬▬▬▬▬▬▬▬

　　八哥（学名：*Acridotheres cristatellus*）在向海有分布，但不多见。通体黑色，前额有长而竖直的羽簇，有如冠状，翅有白色翅斑，飞翔时尤为明显。尾羽和尾下覆羽有白色端斑。嘴乳黄色，脚黄色。

分布范围　在中国主要分布于四川、云南以东，河南、陕西以南的平原地区、东南沿海和海南等地。

种群现状　该物种分布范围广，不接近物种生存的脆弱濒危临界值标准。

保护级别　列入《世界自然保护联盟（IUCN）濒危物种红色名录》ver 3.1（2012）——无危（LC）。列入《国家保护的有益的或者有重要经济、科学研究价值的陆生野生动物名录》。

生活习性　性喜结群。集结于大树上，或成行站在屋脊上。夜宿于竹林、大树或芦苇丛，并与其他椋鸟混群栖息。

白腰文鸟 ■

白腰文鸟（学名：*Lonchura striata*）是小型鸟，在向海湿地中偶尔可见。上体红褐色或暗沙褐色，有白色羽干纹，腰白色，额、嘴基、眼先、颏、喉黑褐色，颈侧和上胸栗色，有浅黄色羽干纹和羽缘，下胸和腹近白色。

分布范围 在中国分布于长江流域及其以南的华南各省。

种群现状 种群数较丰富。由于在谷物成熟期间，常成群飞到农田啄食谷物，给农业带来一定危害。

保护级别 列入《世界自然保护联盟（IUCN）濒危物种红色名录》ver 3.1（2012）——无危（LC）。

生活习性 留鸟，好结群。除繁殖期间多成对活动外，其他季节多成群，无论是飞翔或是停息时常常挤成一团。

■ 黑尾腊嘴雀

　　黑尾蜡嘴雀（学名：*Eophona migratoria*）是向海常见的一种鸟，在高大的密林中活动。雄雌异形异色。嘴粗大、黄色。雄鸟头部为灰黑色，背、肩灰褐色，腰和尾上覆羽浅灰色，两翅和尾黑色，初级覆羽和外侧飞羽有白色端斑。

分布范围　在中国主要分布于黑龙江、吉林、辽宁、河北、北京、内蒙古、河南、山东、陕西、安徽、浙江、江苏、湖北、四川、贵州、云南、广西、广东、福建等省和自治区。

种群现状　该物种分布范围广，不接近物种生存的脆弱濒危临界值标准。

保护级别　列入《世界自然保护联盟（IUCN）濒危物种红色名录》ver 3.1（2012）——无危（LC）。列入《国家保护的有益的或者有重要经济、科学研究价值的陆生野生动物名录》。

生活习性　夏候鸟或留鸟。每年4月初从中国南方迁来东北繁殖，10月中下旬开始回迁。繁殖期间单独或成对活动，有时集成数十只的大群。

红胁绣眼鸟

红胁绣眼鸟（学名：*Zosterops erythropleurus*）在向海的数量稀少不常见。两胁栗色，下颚色较淡，黄色的喉斑较小，头顶无黄色。虹膜红褐色。嘴橄榄色，脚灰色。眼周有明显的白圈。形体大小和上体羽色均与暗绿绣眼鸟相似，但两胁呈显著的栗红色，与其他绣眼鸟极易区别。

分布范围　繁殖于中国东北，越冬飞往华中、华南及华东。地区性常见于海拔1000米以上原始林及次生林。主要分布于黑龙江、吉林、河北、辽宁、山西、陕西、甘肃、四川、西藏、河南、山东、江苏、浙江、福建、贵州、云南等地。

种群现状　该物种分布范围广，不接近物种生存的脆弱濒危临界值标准，种群数量趋势稳定。

保护级别　列入《世界自然保护联盟（IUCN）濒危物种红色名录》ver 3.1（2012）——无危（LC）。列入《国家保护的有益的或者有重要经济、科学研究价值的陆生野生动物名录》。

生活习性　红胁绣眼鸟属完全树栖生活，嘴细小。性情活跃。

栗鹀

栗鹀（学名：*Emberiza rutila*）在向海的树林或灌木丛中偶尔可以看到。它的形体略小，是一种栗色和黄色的鹀。繁殖期雄鸟头、上体及胸栗色而腹部黄色。上嘴棕褐色，下嘴淡褐色，脚为淡褐色。

分布范围 分布于中国、印度、日本、朝鲜、韩国、老挝、蒙古、缅甸、尼泊尔、巴基斯坦、俄罗斯、泰国和越南等国家和地区。

种群现状 该物种分布范围广，不接近物种生存的脆弱濒危临界值标准。

保护级别 列入《世界自然保护联盟（IUCN）濒危物种红色名录》ver 3.1（2016）——无危（LC）。

生活习性 在中国有较常见的迁徙群和越冬群，在大兴安岭为夏候鸟，华南地区为冬候鸟，其他地区为旅鸟。除繁殖期间成对或单独活动外，其他季节多成小群活动。

栗耳鹀

栗耳鹀（学名：*Emberiza fucata*）在向海有分布，但并不常见。在林间或灌木丛中偶尔可以看到。繁殖期雄鸟的栗色耳羽与灰色的顶冠及颈侧成对比。雌鸟与非繁殖期雄鸟相似，但色彩较淡。耳羽及腰多棕色。

分布范围　常见于中国东北、华中、西南及西藏东南部；不常见并繁殖于江苏南部、福建及江西。越冬在海南岛等地，候鸟途经华东大部。

种群现状　该物种分布范围广，不接近物种生存的脆弱濒危临界值标准，种群数量趋势稳定，因此被评价为无生存危机的物种。

保护级别　列入《世界自然保护联盟（IUCN）鸟类红色名录》ver 3.1（2016）——无危（LC）。列入《国家保护的有益的或者有重要经济、科学研究价值的陆生野生动物名录》。

生活习性　繁殖期间多成对或单独活动，冬季成群。主要以昆虫和昆虫幼虫为食。叫声较其他的鹀欢快。